建筑工人职业技能培训教材

建筑工程系列

防 水 工

《建筑工人职业技能培训教材》编委会 编

U0279410

中国建材工业出版社

图书在版编目(CIP)数据

防水工 / 《建筑工人职业技能培训教材》编委会
编. －－ 北京:中国建材工业出版社,2016.9(2019.7 重印)
建筑工人职业技能培训教材
ISBN 978-7-5160-1531-5

Ⅰ.①防… Ⅱ.①建… Ⅲ.①建筑防水－工程施工－
技术培训－教材 Ⅳ.①TU761.1-44

中国版本图书馆 CIP 数据核字(2016)第 145040 号

防水工
《建筑工人职业技能培训教材》编委会 编
出版发行:中国建材工业出版社
地　　址:北京市海淀区三里河路 1 号
邮　　编:100044
经　　销:全国各地新华书店
印　　刷:北京雁林吉兆印刷有限公司
开　　本:850mm×1168mm 1/32
印　　张:7.5
字　　数:160 千字
版　　次:2016 年 9 月第 1 版
印　　次:2019 年 7 月第 3 次
定　　价:24.00 元

本社网址:www.jccbs.com　微信公众号:zgjcgycbs
本书如出现印装质量问题,由我社市场营销部负责调换。电话:(010)88386906

前　言

《中华人民共和国就业促进法》、国务院《关于加快发展现代职业教育的决定》[国发(2014)19号]、住房和城乡建设部《关于印发建筑业农民工技能培训示范工程实施意见的通知》[建人(2008)109号]、住房和城乡建设部《关于加强建筑工人职业培训工作的指导意见》[建人(2015)43号]、住房和城乡建设部办公厅《关于建筑工人职业培训合格证有关事项的通知》[建办人(2015)34号]等相关文件,对全面提高工人职业操作技能水平,以保证工程质量和安全生产做出了明确的要求。

根据住房和城乡建设部就加强建筑工人职业培训工作,做出的"到2020年,实现全行业建筑工人全员培训、持证上岗"具体规定,为更好地贯彻落实国家及行业主管部门相关文件精神和要求,全面做好建筑工人职业技能教育培训,由中国工程建设标准化协会建筑施工专业委员会、黑龙江省建设教育协会、新疆建设教育协会会同相关施工企业、培训单位等,组织了由建设行业专家学者、培训讲师、一线工程技术人员及具有丰富施工操作经验的工人和技师等组成的编审委员会,编写这套《建筑工人职业技能培训教材》。

本套丛书主要依据住房和城乡建设部、人力资源和社会保障部发布的《职业技能岗位鉴定规范》《中华人民共和国职业分类大典(2015年版)》《建筑工程施工职业技能标准》《建筑装饰装修职业技能标准》《建筑工程安装职业技能标准》等标准要求,以实现全面提高建设领域职工队伍整体素质,加快培养具有熟练操作技能的技术工人,尤其是加快提高建筑业农民工职业技能水平,保证建筑工程质量和安全,促进广大农民工就业为目标,重点抓住建筑工人现场施工操作技能和安全为核心进行编制,"量身订制"打造了一套适合不同文化层次的技术工人和读者需要的技能培训教材。

本套教材系统、全面地介绍了各工种相关专业基础知识、操作技能、安全知识等,同时涵盖了先进、成熟、实用的建筑工程施工技术,还包括了现代新材料、新技术、新工艺和环境、职业健康安全、节能环保等方面的知识,力求做到了技术内容最新、最实用,文字通俗易懂,语言生动简洁,辅以大量直观的图表，非常适合不同层次水平、不同年龄的建筑工人职业技能培训和实际施工操作应用。

丛书共包括了"建筑工程"、"装饰装修工程"、"安装工程"3大系列以及《建筑工人现场施工安全读本》，共25个分册：

一、"建筑工程"系列，包括8个分册，分别是：《砌筑工》《钢筋工》《架子工》《混凝土工》《模板工》《防水工》《木工》和《测量放线工》。

二、"装饰装修工程"系列，包括8个分册，分别是：《抹灰工》《油漆工》《镶贴工》《涂裱工》《装饰装修木工》《幕墙安装工》《幕墙制作工》和《金属工》。

三、"安装工程"系列，包括8个分册，分别是：《通风工》《安装起重工》《安装钳工》《电气设备安装调试工》《管道工》《建筑电工》《中小型建筑机械操作工》和《电焊工》。

本书根据"防水工"工种职业操作技能，结合在建筑工程中的实际应用，针对建筑工程施工材料、机具、施工工艺、质量要求、安全操作技术等做了具体、详细的阐述。本书内容包括常用建筑防水涂料，常用建筑防水卷材，常用建筑防水密封材料，常用建筑防水砂浆，常用堵漏止水材料，常用保温隔热材料，常用防水施工机具，地下防水工程构造及设防要求，地下卷材防水层施工操作，地下涂料防水层施工操作，水泥砂浆防水层施工，塑料板防水层施工操作，地下防水细部构造，地下建筑防水工程质量问题及防治与渗漏水治理，屋面防水构造及设防要求，卷材防水屋面施工操作，涂膜防水屋面施工操作，金属板材屋面施工操作，隔热屋面施工操作，建筑屋面防水工程应注意的质量问题，楼层地面防水工程施工，防水工岗位安全常识，相关法律法规及务工常识。

本书对于加强建筑工人培训工作，全面提升建筑工人操作技能水平具有很好的应用价值，不仅极大地提高工人操作技能水平和职业安全水平，更对保证建筑工程施工质量，促进建筑安装工程施工新技术、新工艺、新材料的推广与应用都有很好的推动作用。

由于时间限制，以及编者水平有限，本书难免有疏漏之处，欢迎广大读者批评指正，以便本丛书再版时修订。

编　者

2016 年 9 月　北京

中国建材工业出版社
China Building Materials Press

发展出版传媒　服务经济建设

传播科技进步　满足社会需求

目录
CONTENTS

第1部分 防水工岗位基础知识

一、常用建筑防水涂料

防水涂料是一种流态或半流态物质,涂刷在基层表面,经溶剂或水分挥发,或各组分间的化学反应,形成一定弹性的薄膜,使表面与水隔绝,起到防水、防潮作用。

建筑防水涂料的种类与品种较多,其分类和常用的品种见图 1-1。

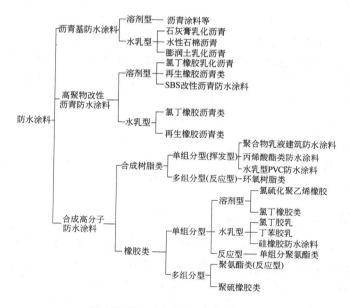

图 1-1 防水涂料的分类和常用品种

1. 沥青基防水涂料

沥青基防水涂料是以石油沥青为基料,掺加无机填料和助剂而制成的低档防水涂料。按其类型可分为溶剂型和水乳型,按其使用目的可制成薄质型和厚质型。该类防水涂料生产方法简单,产品价格低廉。

(1)溶剂型沥青防水涂料。

溶剂型沥青防水涂料是将未改性的石油沥青用有机溶剂(溶剂油)充分溶解而成,因其性能指标较低,在生产中控制一定的含固量,通常为薄质型,一般主要作为 SBS、APP 改性沥青防水卷材的基层处理剂,用于混凝土基面防潮、防渗或低等级建筑防水工程。

(2)水乳型沥青防水涂料。

水乳型沥青防水涂料是以未改性的石油沥青为基料,以水为分散介质,加入无机填料、分散剂等有关助剂,在机械强力搅拌作用下制成的。该类厚质防水涂料有水性石灰乳化沥青防水涂料、水性石棉沥青防水涂料、膨润土沥青乳液防水涂料。此类防水涂料成本低、无毒、无味,可在潮湿基层上施工,有良好的粘结性,涂层有一定透气性。但成膜物是未改性的石油沥青、矿物乳化剂和填料,固化后弹性和强度较低,使用时需相当厚度才能起到防水作用。

2. 高聚物改性沥青防水涂料

高聚物改性沥青防水涂料通常是用再生橡胶、合成橡胶、SBS 或树脂对沥青进行改性而制成的溶剂型或水乳型涂膜防水材料。通过对沥青改性的防水涂料,具有高温不流淌、低温不脆裂、耐老化、增加延伸率和粘结力等性能,能够显著提高防水涂料的物理性能,扩大应用范围。

高聚物改性沥青防水涂料的质量应符合表 1-1 的要求。

高聚物改性沥青防水涂料包括氯丁橡胶沥青防水涂料(水乳型和溶剂型两类)、再生橡胶沥青防水涂料(水乳型和溶剂型两类)、SBS 改性沥青防水涂料(水乳型和溶剂型两类)等种类。

表 1-1　　　　　　　　高聚物改性沥青防水涂料质量要求

项目		质量要求	
		水乳型	溶剂型
固体含量(%)		≥43	≥43
耐热度(80℃,5h)		无流淌、起泡和滑动	
低温柔性(℃,2h)		−10,绕 ϕ20mm 圆棒无裂纹	−15,绕 ϕ10mm 圆棒无裂纹
不透水性	压力(MPa)	≥0.1	≥0.2
	保持时间(min)	≥30	≥30
延伸性(mm)		≥4.5	—
抗裂性(mm)		—	基层裂缝 0.3mm,涂膜无裂纹

(1)溶剂型氯丁橡胶改性沥青防水涂料。

该种涂料耐候性、耐腐蚀性强,延伸性好,适应基层变形能力强;形成涂膜的速度快且致密完整,可在低温下冷施工,简单方便;适用于混凝土屋面防水,地下室、卫生间等防水防潮工程,也可用于旧建筑防水维修及管道防腐。

(2)水乳型氯丁橡胶改性沥青防水涂料。

该种涂料耐酸、碱性能好,有良好的抗渗透性、气密性和抗裂性;成膜快、强度高,防水涂膜耐候性、耐高温和低温性好;无毒、无味,不污染环境;施工安全,操作方便,可冷施工,可采用刮涂、滚刷或喷涂等方法。

该种涂料适用于屋面、厕浴间、天沟、防水层和屋面隔汽层；地下室防水、防潮隔离层；斜沟、天沟、建筑物间连接缝等非平面防水层等。

（3）水乳型再生橡胶沥青防水涂料。

该种涂料具有良好的相容性；克服了沥青热淌冷脆的缺陷；具有一定的柔韧性、耐高低温、耐老化性能；可冷施工，无毒，无污染，操作方便，可在潮湿基层上施工；原料来源广泛、价格低。但气温低于5℃时不宜施工。

（4）溶剂型再生橡胶沥青防水涂料。

该种涂料具有较好的耐水性、抗裂性，高温不流淌，低温不脆裂，弹塑性能良好，有一定的耐老化性，干燥速度快，操作方便，可在负温下施工，适用于工业与民用建筑混凝土屋面防水层、地下室、水池、冷库、地坪等的抗渗、防潮以及旧油毡屋面的维修和翻修。该涂料比较适合表面变形较大的节点及接缝处，同时应配用嵌缝材料，能收到更好的效果。

（5）SBS改性沥青防水涂料。

该种涂料有水乳型和溶剂型两种。水乳型是以石油沥青为基料，用SBS橡胶对沥青进行改性，再以膨润土等作为分散剂，在机械强烈搅拌下制成的膏状涂料；溶剂型是以石油沥青为基料，掺入SBS橡胶和溶剂，在机械搅拌下混合成的防水涂料。

SBS改性沥青防水涂料的防水性能、低温柔韧性、抗裂性、粘结性良好；可冷施工，操作简便，无毒，安全，是一种较理想的中档防水涂料。它适用于屋面、地面、卫生间、地下室等复杂基层的防水工程，特别适用于寒冷地区的工程。

3. 合成高分子防水涂料

合成高分子防水涂料是以合成橡胶或合成树脂为主要成膜

物质,加入其他辅料配制而成的单组分或多组分防水涂料。

合成高分子防水涂料的质量应符合表 1-2 和表 1-3 的要求。

表 1-2　　　　合成高分子防水涂料(反应固化型)质量要求

项目		质量要求	
		Ⅰ类	Ⅱ类
拉伸强度(MPa)		≥1.9(单、多组分)	≥2.45(单、多组分)
断裂延伸率(%)		≥550(单组分) ≥450(多组分)	≥450(单、多组分)
低温柔性(℃,2h)		−40(单组分),−35(多组分),弯折无裂纹	
不透水性	压力(MPa)	≥0.3(单、多组分)	
	保持时间(min)	≥30(单、多组分)	
固体含量(%)		≥80(单组分),≥92(多组分)	

注:产品按拉伸性能分为Ⅰ、Ⅱ两类。

表 1-3　　　　合成高分子防水涂料(挥发固化型)质量要求

项目		质量要求
拉伸强度(MPa)		≥1.5
断裂延伸率(%)		≥300
低温柔性(℃,2h)		−20,绕 ϕ10mm 圆棒无裂纹
不透水性	压力(MPa)	≥0.3
	保持时间(min)	≥30
固体含量(%)		≥65

合成高分子防水涂料包括聚氨酯防水涂料、丙烯酸酯防水涂料、硅橡胶防水涂料、聚合物水泥防水涂料等品种。

(1)聚氨酯防水涂料。

聚氨酯防水涂料有多组分反应固化形和单组分湿固化形。

双组分聚氨酯防水涂料中,甲组分为聚氨酯预聚体,乙组分为含有催化剂、交联剂、固化剂、填料、助剂等的固化组分。现场将甲、乙组分按规定配比混合均匀,涂覆后经固化反应形成高弹性膜层。煤焦油基的双组分和单组分产品都已被淘汰。

聚氨酯防水涂料的特点:具有橡胶状弹性,延伸性好,抗拉强度和抗撕裂强度高;具有良好的耐酸、耐碱、耐腐蚀性;施工操作简便,对于大面积施工部位或复杂结构,可实现整体防水涂层。

聚氨酯防水涂料适用于屋面、地下室、厕浴间、游泳池、铁路、桥梁、公路、隧道、涵洞等防水工程。

聚氨酯防水涂料的主要物理性能指标见表1-4。

表1-4 聚氨酯防水涂料物理性能

项目		指标	
		一等品	合格品
拉伸强度(MPa),>		2.45	1.65
断裂时的延伸率(%),>		450	350
加热伸缩率(%),<	伸　长	1	
	缩　短	4	6
拉伸时的老化	加热老化	无裂缝及变形	
	紫外线老化	无裂纹及变形	
低温柔性		−35℃无裂纹	−30℃无裂纹
不透水性(0.3MPa,30min)		不渗漏	
固体含量(%)		≥94	
适用时间(min)		≥20,黏度不大于 10^5(mPa·s)	
涂膜表干时间(h)		≤4,不粘手	
涂膜实干时间(h)		≤12,无粘着	

(2)丙烯酸酯防水涂料。

丙烯酸酯防水涂料以水为稀释剂,无溶剂污染,不燃,无毒,能在多种材质表面直接施工。涂膜后可形成具有高弹性、坚韧、无接缝、耐老化、耐候性优异的防水涂膜，并可根据需要加入颜料配制成彩色涂层，美化环境。

丙烯酸酯防水涂料可在潮湿或干燥的混凝土、砖石、木材、石膏板、泡沫板等基面上直接涂刷施工，还适用于新旧建筑物及构筑物的屋面、墙面、室内、卫生间等工程，以及非长期浸水环境下的地下工程、隧道、桥梁等防水工程。

(3)硅橡胶防水涂料。

该涂料兼有涂膜防水和浸透性防水材料两者的优良性能，具有良好的防水性、渗透性、成膜性、弹性、粘结性和耐高温性。适应基层的变形能力强，能渗入基层，与基底粘结牢固。修补方便，凡在施工遗漏或出现被损伤处可直接涂刷，适用于地下室、卫生间、屋面及各类贮水、输水构筑物的防水、防渗及渗漏工程修补。

(4)聚合物水泥防水涂料。

聚合物水泥防水涂料也称 JS 复合防水涂料，是由有机液体料(如聚丙烯酸酯、聚醋酸乙烯乳液及各种添加剂组成)和无机粉料(如高铝高铁水泥、石英粉及各种添加剂组成)复合而成的双组分防水涂料，兼有有机材料弹性高、无机材料耐久性好等优点，涂覆后可形成高强坚韧的防水涂膜，并可根据需要配制成各种彩色涂层。

聚合物水泥防水涂料的特点是：涂层坚韧高强，耐水性、耐久性好；无毒、无味、无污染，施工简便、工期短，可用于饮水工程；可在潮湿的多种材质基面上直接施工，抗紫外线性能、耐候性能、抗老化性能良好，可作外露式屋面防水；掺加颜料，可形成彩色涂层；在立面、斜面和顶面上施工不流淌，适用于有饰面材料的外墙、斜屋面防水，表面不沾污。

聚合物水泥防水涂料的适用范围：可在潮湿或干燥的各种

基面上直接施工,如:砖石、砂浆、混凝土、金属、木材、泡沫板、橡胶、沥青等;用于各种新旧建筑物及构筑物防水工程,如屋面、外墙、地下工程、隧道、桥梁、水库等;调整液料与粉料比例为腻子状,也可作为粘结、密封材料,用于粘贴马赛克、瓷砖等。

聚合物水泥防水涂料的质量应符合表 1-5 的要求。

表 1-5　　　　　　聚合物水泥防水涂料质量要求

项目		质量要求
固体含量(%)		≥65
拉伸强度(MPa)		≥1.2
断裂延伸率(%)		≥200
低温柔性(℃,2h)		-10,绕 ϕ10mm 圆棒无裂纹
不透水性	压力(MPa)	≥0.3
	保持时间(min)	≥30

4. 涂膜防水层屋面材料用量参考

涂膜防水层屋面材料用量参考,见表 1-6、表 1-7。

表 1-6　　　　　　挥发固化型涂料用量

层次	一层做法	二层做法		
	一毡二涂(一毡四胶)	二布三涂(二布六胶)	一布一毡三涂(一布一毡六胶)	一布一毡三涂(一布一毡八胶)
加筋材料	聚酯毡	玻纤布二层	聚酯毡、玻纤布各一层	聚酯毡、玻纤布各一层
胶料量(kg/m²)	2.4	3.0	3.4	4.8
总厚度(mm)	1.5	1.8	2.0	3.0
第一遍	刷胶料 0.7	刷胶料 0.6	刷胶料 0.7	刷胶料 0.7

续表

层 次	一层做法	二层做法		
	一毡二涂（一毡四胶）	二布三涂（二布六胶）	一布一毡三涂（一布一毡六胶）	一布一毡三涂（一布一毡八胶）
第二遍	刷胶料0.5 铺毡一层 毡面刷胶0.4	刷胶料0.5 铺玻纤布一层 布面刷胶0.4	刷胶料0.5 铺毡一层 毡面刷胶0.5	刷胶料0.7
第三遍	刷胶料0.8	刷胶料0.5 铺玻纤布一层 布面刷胶0.5	刷胶料0.5 铺玻纤布一层 布面刷胶0.5	刷胶料0.5 铺毡一层 毡面刷胶0.5
第四遍	—	刷胶料0.5	刷胶料0.7	刷胶料0.5 铺玻纤布一层 布面刷胶0.5
第五遍	—	—	—	刷胶料0.7
第六遍	—	—	—	刷胶料0.7

表 1-7　　　　　　　　　　反应固化型涂料用量

层次	纯涂层		一层做法
	二　胶	三　胶	一布二涂（一布四胶）
加筋材料	—	—	聚酯毡或玻纤布
胶料总量(kg/m^2)	1.2～1.5	1.8～2.1	2.5～3.0
总厚度(mm)	1.0	1.5	2.0
第一遍	刮胶料0.6～0.7	刮胶料0.6～0.7	刮胶料0.6～0.7
第二遍	刮胶料0.6～0.8	刮胶料0.6～0.7	刮胶料0.4～0.5 铺玻纤布一层 刮胶料0.4～0.5
第三遍	—	刮胶料0.6～0.7	刮胶料0.5～0.6
第四遍	—	—	刮胶料0.5～0.6

二、常用建筑防水卷材

1. 防水卷材分类

防水卷材可分为沥青卷材、高聚物改性沥青卷材、合成高分子卷材、金属卷材等，分类性能见表1-8。

表 1-8　　　　　　　　　　防水卷材分类性能

材料分类		品　种	性能指标					特点
			拉伸强度	延伸率 /(%)	耐高温性 /℃	低温柔性 /℃	不透水性	
沥青防水卷材	350号	粉毡、片毡	(25±2)℃ ≥340N	—	(85±2)℃ 不流淌, 无集中性 气泡	—	≥0.1MPa ≥30min	传统防水材料,强度低、耐老化及耐低温性能差,已限制使用
	500号	粉毡、片毡	(25±2)℃ ≥440N	—		—	≥0.15MPa ≥30min	
高聚物改性沥青卷材		SBS改性沥青卷材	≥450N	≥30	≥90	−18	≥0.3MPa ≥30min	耐低温好,耐老化性能好
		APP(APAO)改性沥青卷材	≥450N	≥30	≥110	−5	≥0.3MPa ≥30min	适合高温地区使用
		自粘改性沥青卷材	≥450N	≥500	≥85	−20	≥0.3MPa ≥30min	延伸大,耐低温好,施工方便
合成高分子卷材	硫化橡胶型	三元乙丙橡胶卷材(EPDM)氯化聚乙烯橡胶共混卷材(CPE)再生胶类卷材	≥6MPa	≥400	—	−30	≥0.3MPa ≥30min	强度高,延伸大,耐低温好,耐老化
	树脂型	聚氯乙烯卷材(PVC)氯化聚乙烯橡塑卷材(CPE)聚乙烯卷材(HDPE LDPE)	≥10MPa	≥200	—	−20	≥0.3MPa ≥30min	强度高,延伸大,耐低温好,耐老化
	橡胶共混型	乙丙橡胶—聚丙烯共聚卷材(TPO)	≥6MPa	≥400	—	−40	≥0.3MPa ≥30min	延伸大,低温好,施工方便
合成高分子卷材	橡胶共混型	自粘卷材(无胎)	≥100 N/5cm	≥200	≥80	−20	≥0.2MPa ≥30min	延伸大,施工方便
		自粘卷材(有胎)	≥250 N/5cm	≥30	≥80	−20	≥0.2MPa ≥30min	强度高,施工方便
金属卷材		铅锡合金卷材	≥20MPa	≥30	—	−30	—	耐老化优越,耐腐蚀能力强

2. 防水卷材外观质量要求

（1）高聚物改性沥青防水卷材的外观质量应符合表 1-9 的要求。

表 1-9　　　　高聚物改性沥青防水卷材外观质量

项目	质量要求	项目	质量要求
孔洞、缺边、裂口	不允许	撒布材料粒度、颜色	均匀
边缘不整齐	不超过 10mm	每卷卷材的接头	不超过 1 处，较短的一段不应小于 1000mm，接头处应加长 150mm
胎体露白、未浸透	不允许		

（2）合成高分子防水卷材的外观质量应符合表 1-10 的要求。

表 1-10　　　　合成高分子防水卷材外观质量

项目	质量要求
折痕	每卷不超过 2 处，总长度不超过 20mm
杂质	大于 0.5mm 颗粒不允许，每 $1m^2$ 不超过 $9mm^2$
胶块	每卷不超过 6 处，每处面积不大于 $4mm^2$
凹痕	每卷不超过 6 处，深度不超过本身厚度的 30%；树脂类深度不超过 15%
每卷卷材的接头	橡胶类每 20m 不超过 1 处，较短的一段不应小于 3000mm，接头处应加长 150mm；树脂类 20m 长度内不允许有接头

（3）沥青防水卷材的外观质量、规格应符合表 1-11、表 1-12 的要求。

表 1-11　　　　　　沥青防水卷材外观质量

项目	质量要求
孔洞、硌伤	不允许
露胎、涂盖不匀	不允许
折纹、皱褶	距卷芯 1000mm 以外,长度不大于 100mm
裂纹	距卷芯 1000mm 以外,长度不大于 10mm
裂口、缺边	边缘裂口小于 20mm;缺边长度小于 50mm,深度小于 20mm
每卷卷材的接头	不超过 1 处,较短的一段不应小于 2500mm,接头处应加长 150mm

表 1-12　　　　　　沥青防水卷材规格

标号	宽度(mm)	每卷面积(m²)	卷重(kg)	
350 号	915	20±0.3	粉毡	≥28.5
	1000		片毡	≥31.5
500 号	915	20±0.3	粉毡	≥39.5
	1000		片毡	≥42.5

(4)卷材胶粘剂的质量应符合下列规定:

①改性沥青胶粘剂的粘结剥离强度不应小于 8N/10mm。

②合成高分子胶粘剂的粘结剥离强度不应小于 15N/10mm,浸水 168h 后的保持率不应小于 70%。

③双面胶粘带剥离状态下的粘合性不应小于 10N/25mm,浸水 168h 后的保持率不应小于 70%。

3.卷材防水屋面主要材料参考用量

卷材防水屋面主要材料参考用量见表 1-13。

表 1-13 卷材防水屋面主要材料参考用量

卷材种类	卷材 (m^2/m^2)	基层处理剂 （kg/m²）	基层胶粘剂 （kg/m²）	接缝胶粘剂 （kg/m²）	密封材料 （kg/m²）	备 注
沥青油毡	3.6	0.45	0.7	—	—	三毡四油
三元乙丙丁基橡胶卷材	1.15～1.2	0.2	0.4	0.1	0.01	
LXY-603 氯化聚乙烯卷材	1.15～1.2	0.2	0.4	0.05	0.01	
氯化聚乙烯橡胶共混卷材	1.15～1.2	0.15	0.45	0.1	0.01	
PVC 卷材	1.1	0.4	—	—	0.01	焊接法施工
热熔卷材	1.15～1.2	0.1	—	—	0.01	热熔法施工
冷粘贴改性卷材	1.15～1.2	0.05	0.45	—	0.01	—
聚氯乙烯	1.15	0.4	1～1.1	—	0.01	—

三、常用建筑防水密封材料

建筑密封材料是指填充于建筑物的接缝、裂缝、门窗框、玻璃周边及管道接头或其他结构物的连接处,起水密、气密作用的材料。建筑密封材料按其外观形状可分为定形密封材料(如密封带、止水带、密封条)与不定型密封材料(各种密封胶、嵌缝膏);按其基本原料主要分为改性沥青密封材料和高分子密封材料两大类。建筑密封材料的分类及常见产品见图 1-2。

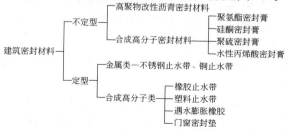

图 1-2 建筑密封材料的分类及常见产品

1. 改性沥青密封材料

（1）建筑防水沥青嵌缝油膏。

是以石油沥青为基料，加入橡胶（SBS）、废橡胶粉、稀释剂、填充料等热熔共混而成的黑色油膏。它是使用较久的低档密封材料，可冷用嵌填，用于建筑的接缝、孔洞、管口等部位的防水防渗。该材料按耐热度和低温柔性分 702 和 801 两个型号。

（2）聚氯乙烯建筑防水接缝材料。

该材料具有良好的粘结性和防水性；弹性较好，能适应振动、沉降、拉伸等引起的变形要求，保持接缝的连续性，在 $-20℃$ 及 $-30℃$ 温度下不脆、不裂，仍有一定弹性；有较好的耐腐蚀性和耐老化性，对钢筋无腐蚀作用；耐热度大于 $80℃$，夏季不流淌，不下垂，适合各地区气候条件和各种坡度，可用于各类工业与民用建筑屋面接缝节点的嵌填密封，屋面裂缝的防渗漏、修补。

2. 合成高分子密封材料

合成高分子密封材料以弹性聚合物或其溶液、乳液为基础，添加改性剂、固化剂、补偿剂、颜料、填料等经均化混合而成。在接缝中依靠化学反应固化或与空气中的水分交联固化或依靠溶剂、水分蒸发固化，成为稳定粘接密封接缝的弹性体。产品按聚合物分类有硅酮、聚氨酯、聚硫、丙烯酸等类型。

（1）水乳型丙烯酸建筑密封膏。

该材料是以丙烯酸酯乳液为基料，加入少量表面活性剂、增塑剂、改性剂以及填充料、颜料等配置而成的。

该类产品以水为稀释剂，无溶剂污染、无毒、不燃；有良好的粘结性、延伸性、施工性、耐热性及抗大气老化性，优异的低温柔性；可在潮湿基层上施工，操作方便，可与基层配色，调制成各种不同色彩,无损装饰。

(2)聚氨酯建筑密封膏。

该材料是以聚氨酯预聚体为基料和含有活性氢化合物的固化剂组成的一种常温固化型弹性密封膏。产品分单组分、双组分两种,品种分非下垂和自流平两种。

聚氨酯密封膏模量低、延伸率大、弹性高,具有良好的粘结性、耐油、耐低温性能,耐伸缩疲劳,可承受较大的接缝位移。

(3)聚硫建筑密封膏。

该材料是以液态聚硫橡胶为基料和金属过氧化物等硫化剂反应,常温下固化的一种双组分密封材料。品种按伸长率和模量分为 A 类和 B 类;按流变分为非下垂和自流平两种。

聚硫建筑密封膏具有优异的耐候性,良好的气密性和水密性,使用温度范围广,低温柔性好,对金属、混凝土、玻璃、木材等材质都有良好的粘结力。

(4)硅酮建筑密封膏。

该材料有单组分和双组分两种。单组分型系以有机硅氧烷聚合物为主要成分,加入硫化剂、填料、颜料等成分制成。双组分型系把聚硅氧烷、填料、助剂、催化剂混合为一组分,交联剂为另一组分,使用时两组分按比例混合。

硅酮建筑密封膏具有优异的耐热、耐寒性和较好的耐候性,与各种材料具有良好的粘结性能,而且伸缩疲劳性能、疏水性能亦良好,硫化后的密封膏在 $-50\sim250℃$ 范围内能长期保持弹性,使用后的耐久性和贮存稳定性都较好。如高层建筑的玻璃幕墙、隔热玻璃粘结密封等。中模量硅酮建筑密封膏除了具有极大伸缩性的接缝不能使用外,其他部位都可以使用。低模量硅酮建筑密封膏主要用于建筑物的非结构型密封部位,如预制混凝土墙板、水泥板、大理石板、花岗岩的外墙接缝、混凝土与金属框架的粘结、厕浴间及高速公路接缝的防水、密封。

3.定型密封材料

　　定型密封材料是处理建筑物或地下构筑物接缝的材料,可分为刚性和柔性两大类。刚性类大多是金属材料,如钢或铜制的止水带和泛水。柔性类一般用天然或合成橡胶、聚氯乙烯及类似材料制成,用作密封条、止水带及其他嵌缝材料。遇水膨胀橡胶止水带则是在橡胶内掺加了高吸水性树脂,遇水时则体积迅速吸水膨胀,使缝隙堵塞严密。

四、常用建筑防水砂浆

1.分类及适用范围

　　防水砂浆按其材料成分不同,通常可分为普通防水砂浆、外加剂防水砂浆和聚合物防水砂浆三种。

　　由于防水砂浆组成材料不同,性能各异,因此其适用范围有所不同,一般规定如下:

　　(1)普通防水砂浆、外加剂防水砂浆,一般适用于埋置深度不大,使用时不会因结构沉降、温湿度变化以及振动等产生有害裂缝的地下或地上防水工程。

　　(2)有机硅防水砂浆,适用于混凝土、石灰石、砖瓦、石膏制品、矿物制品的防水;如用硫酸铝或硝酸铝中和后,可用作木材、纤维板、纸及其加工品的防水。

　　(3)氯丁胶乳防水砂浆,可作为地下建筑物和贮水设施(如水箱、水池、水塔等)的防水层以及屋面、墙面防水或防潮层;也可用于建筑物裂缝的修补以及轮船甲板敷料和耐腐蚀地面等。

　　(4)丙烯酸酯共聚乳液防水砂浆,可用于混凝土屋面板、砂浆和混凝土砌块组成的衬砌结构、水箱、游泳池和化粪池等防水，以及防渗漏水工程的修补材料。

（5）除聚合物砂浆外，其他砂浆均不宜用于长期受冲击荷载和较大振动作用下的防水工程，也不适用于受腐蚀、高温（100℃以上）以及遭受反复冻融的砖砌体工程。

2.普通防水砂浆

普通防水砂浆是用水泥浆、素灰（即稠度较小的水泥浆）和水泥砂浆交替抹压密实构成的防水层。其组成材料与砂浆配制要求如下：

（1）水泥。常用的有普通水泥、矿渣水泥和火山灰质水泥；也可根据工程需要，选用快硬水泥、膨胀水泥、抗硫酸盐水泥等；当受侵蚀性介质作用时，所用水泥应按设计要求选定。所有品种水泥强度等级不低于32.5级。

（2）砂。优选采用粗砂，其粒径应在 1～3mm 之间，大于3mm的砂在使用前应筛除。含泥量不大于3％，含硫化物和硫酸盐量不大于1％。

（3）水。饮用水或一般天然水均可使用。

（4）水泥浆与水泥砂浆配合比。见表 1-14。

表 1-14　　　　　　　水泥浆与水泥砂浆配合比

材料名称	配合比	稠度 (cm)	水灰比	配制方法
水泥浆（素灰）	水泥和水拌合	7	0.55～0.6	将水泥放于容器中，然后加水搅拌
水泥砂浆	水泥：砂＝1：2.5	7～8	0.6～0.65	宜用机械搅拌，将水泥与砂干拌到色泽一致时，再加水搅拌 1～2min

3. 外加剂防水砂浆

（1）无机盐防水剂防水砂浆。

无机盐防水剂防水砂浆是在普通水泥砂浆中掺入各种无机防水剂拌制而成。目前在工程应用中较为成熟,防水性能与经济效益较好的有氯化物金属盐类防水剂和金属皂类防水剂两大类。

掺无机盐防水剂的防水砂浆,在防水工程中使用时一般要抹两道防水砂浆、一道防水净浆,其参考配合比如下:

①当用氯化物金属盐类防水剂时,防水砂浆的配合比(体积分数)为:防水剂：水：水泥：砂＝1：5：8：3;防水净浆配合比(体积分数)为:防水剂：水：水泥＝1：5：8。以上防水剂按质量分数计,约占水泥质量的3%～7%。

②当用金属皂类防水剂时,防水砂浆的配合比(体积分数)为:水泥：砂＝1：2,防水剂用量为水泥质量的1.5%～5%。

③当用氯化铁防水剂时,防水剂掺量一般为水泥质量的3%～5%。防水砂浆的配合比(质量分数)如下:

a.氯化铁水泥素浆。水泥：水：氯化铁防水剂＝1：(0.35～0.39)：0.03。

b.氯化铁防水砂浆(底层砂浆)。水泥：水：砂：防水剂＝1：(0.45～0.52)：2：0.03。

c.氯化铁防水砂浆(面层砂浆)。水泥：水：砂：防水剂＝1：(0.5～0.55)：2.5：0.03。

（2）U型抗裂防水剂防水砂浆。

U型抗裂防水剂(UWA)是继U型混凝土膨胀剂(UEA)后,专用于防水砂浆的外加剂。与UEA相比,UWA的早期强度较高,适用于防水混凝土的抹面,也适用于潮湿和渗漏水工程的抹面和修补。由于它不仅有较好的抗渗性,还有一定的抗裂性,因此在防水工程上有着良好的应用前景。

UWA 防水剂均按水泥质量的 10% 与水泥砂浆拌合,其质量分数如下:

水泥∶砂∶水∶UWA 防水剂＝1∶(2.0～2.5)∶(0.4～0.5)∶0.10,砂浆稠度为 7～8cm。

4. 聚合物防水砂浆

聚合物防水砂浆是由水泥、砂和一定量的橡胶胶乳或树脂乳液,以适量的助剂(如稳定剂、消泡剂等)经搅拌混合均匀配制而成的。它具有较好的防水性、抗冲击性和耐磨性,由于掺入了各种乳液(胶)可以有效地封闭材料中的连通孔隙,提高了材料的固—液接触角,从而大大改善了材料的抗渗性,有效地降低了吸水率,其发展前景十分广阔。

聚合物防水砂浆主要是由水泥、砂、胶乳等组成。为了使聚合物乳液具有对水泥水化产物中大量多价金属离子的化学稳定性以及对于搅拌时产生的剪切力的机械稳定性,避免胶乳在搅拌过程中产生析出、凝聚现象,在拌制乳液砂浆时必须加入一定量的稳定剂。稳定剂一般都采用表面活性剂。此外,由于胶乳中稳定剂的表面活化影响,在搅拌时还会产生大量的气泡,导致材料的孔隙率增加,强度下降,使砂浆质量受到影响。因而在加入稳定剂的同时,还必须加入适量的消泡剂,并在满足上述化学、机械稳定性要求的前提下,取其最小掺量以降低成本。稳定剂和消泡剂的种类较多,可视乳液品种的不同加以选择。

聚合物水泥砂浆的参考配合比见表 1-15。

表 1-15　　　　　　　　聚合物水泥砂浆的参考配合比

用途	参考配合比（质量分数）			涂层厚度
	水泥	砂	聚合物	（mm）
防水材料	1	2～3	0.3～0.5	5～20
地板材料	1	3	0.3～0.5	10～15
防腐材料	1	2～3	0.4～0.6	10～15
粘结材料	1	0～3	0.2～0.5	—
新旧混凝土或砂浆接缝材料	1	0～1	0.2 以上	—
修补裂缝材料	1	0～3	0.2 以上	—

五、常用堵漏止水材料

1. 堵漏材料分类

堵漏材料是能在短时间内速凝的材料，从而堵住水的渗出。堵漏材料的分类及常见产品见图 1-3。

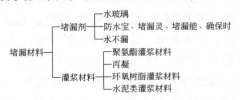

图 1-3　堵漏材料的分类及常见产品

2. 堵漏剂

除传统使用的以水玻璃为基料配以适量的水和多种矾类制成的快速堵漏剂外，目前常用的是各种粉类堵漏材料。无机高效防水粉是一种水硬性无机胶凝材料，与水调和后具有防水、防渗性能。品种有堵漏灵、堵漏能、确保时、防水宝等。水不漏类堵漏材料是一种高效防潮、抗渗、堵漏的材料,有速凝型和缓凝型,速凝型用于堵漏,缓凝型用于抗渗。

3. 灌浆材料

灌浆材料有水泥类灌浆材料和化学灌浆材料。化学灌浆材料堵漏抗渗效果好。

(1)聚氨酯灌浆材料。

该材料属于聚氨基甲酸酯类的高分子聚合物,是由多异氰酸酯和多羟基化合物反应而成。聚氨酯灌浆材料分水溶性和非水溶性两大类。

水溶性聚氨酯灌浆材料是由环氧乙烷或环氧乙烷和环氧丙烷开环共聚的聚醚与异氰酸酯合成制得的一种不溶于水的单组分注浆材料。水溶性聚氨酯灌浆材料与水混合后黏度小,可灌性好,形成的凝胶为含水的弹性固体,有良好的适应变形能力,且有一定的粘结强度。该材料适用于各种地下工程内外墙面、地面水池、人防工程隧道等变形缝的防水堵漏。

非水溶性聚氨酯灌浆材料又称氰凝,是以多异氰酸酯和聚醚产生反应生成的预聚体,加以适量的填加剂制成的化学浆液。遇水后立即发生反应,同时放出大量 CO_2 气体,边凝固边膨胀,渗透到细微的孔隙中,最终形成不溶水的凝胶体,达到堵漏的目的。非水溶性聚氨酯灌浆材料适用于地下混凝土工程的三缝堵漏(变形缝、施工缝、结构裂缝)。建筑物的地基加固,特别适合跨度较大的结构裂缝。

(2)丙烯酰胺灌浆材料。

该材料俗称丙凝,由双组分组成,系以丙烯酰胺为主剂,辅以交联剂、促进剂、引发剂配置而成的一种快速堵漏止水材料。

该材料具有黏度低、可灌性好、凝胶时间可以控制等优点。丙凝固化强度较低,湿胀干缩,不宜用于常发性湿度变化的部位作永久性止水措施,也不宜用于裂缝较宽、水压较大的部位堵漏,适用于处理水工建筑的裂缝堵漏,大块基础帷幕和矿井的防渗堵漏等。

（3）环氧树脂灌浆材料。

环氧树脂灌浆材料由主剂（环氧树脂）、固化剂、稀释剂、促进剂组成,具有粘结功能好、强度高、收缩率小的特点。它适宜用于修补堵漏与结构加固。目前比较广泛使用的是糠醛丙酮系环氧树脂灌浆材料。

六、常用保温隔热材料

建筑屋面保温隔热材料。包括松散保温材料、现浇保温材料、喷涂保温材料、板材、块材等。

1. 保温隔热材料类别

（1）松散保温材料。膨胀蛭石、膨胀珍珠岩等,其粒径、堆积密度、导热系数应符合表 1-16 的要求。

表 1-16　　　　　　　松散保温材料质量要求

项目	膨胀蛭石	膨胀珍珠岩
粒径	3～15mm	≥0.15mm,＜0.15mm 的含量不大于 8%
堆积密度	≤300kg/m³	≤120kg/m³
导热系数	≤0.14W/(m·K)	≤0.07W/(m·K)

（2）板状保温材料。聚苯乙烯泡沫塑料类、硬质聚氨酯泡沫塑料类、泡沫玻璃、微孔混凝土类、膨胀蛭石（珍珠岩）制品等,其

性能指标应符合表 1-17 的要求。

表 1-17　　　　　　　　　板状保温材料质量要求

项目	聚苯乙烯泡沫塑料类		硬质聚氨酯泡沫塑料	泡沫玻璃	加气混凝土类	膨胀珍珠岩类
	挤压	模压				
表观密度(kg/m³)	—	15～30	≥30	≥150	400～600	200～350
压缩强度 kPa	≥250	60～150	≥150	—	—	—
导热系数(W/m·K)	≤0.030	≤0.041	≤0.027	≤0.062	≤0.220	≤0.087
抗压强度 MPa	—	—	—	≥0.4	≥2.0	≥0.3
70℃,48h后尺寸变化率(%)	≤2.0	≤4.0	≤5.0	—	—	—
吸水率(v/v,%)	≤1.5	≤6.0	≤3.0	≤0.5	—	—
外观质量	板材表面基本平整,无严重凹凸不平					

（3）现喷硬质聚氨酯泡沫塑料的表观密度宜为 35～40kg/m³,导热系数小于 0.030W/(m·K),压缩强度大于 150kPa,闭孔率大于 92%。

2.保温隔热材料进场检测项目及保管

（1）进场的保温隔热材料物理性能应检验下列项目：

①板状保温材料：表观密度,压缩强度,抗压强度。

②现喷硬质聚氨酯泡沫塑料应先在试验室试配,达到要求后再进行现场施工。

（2）保温隔热材料的贮运、保管应符合下列规定：

①保温材料应采取防雨、防潮的措施,并应分类堆放,防止混杂。

②板状保温材料在搬运时应轻放,防止损伤断裂、缺棱掉角,保证板的外形完整。

七、常用防水施工机具

常用的防水施工机具分为四大类,即一般施工机具、热熔卷材施工机具、热焊接卷材施工机具和堵漏施工机具。

▶▶ 1.一般施工机具

一般施工机具有些在市场上可以买到,有些需要自制。

(1)常用的有扫帚、小平铲(油灰刀,腻子刀)、钢丝刷、油漆刷、皮老虎(皮风箱)、锒头、錾子等。

(2)清理基层用大扁铲,旧屋面翻修时,铲除原有的防水层。一般自制,铲头宽 40~60mm,铲把用 $\phi25$ 的钢管,长度 1.3~1.5m。

(3)电动搅拌器。用于搅拌聚氨酯防水涂料以及其他糊状材料。自制,用钢筋焊成搅拌杆,夹在手持电钻上即可。

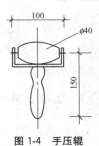

图 1-4　手压辊

(4)手压辊(图 1-4)。用于卷材施工时,复杂部位的压边。$\phi40\times100$mm,钢制。

(5)手动挤压枪。用于嵌填筒装密封材料。

(6)压辊。用于卷材施工压边 $\phi50\times600$mm,用钢管自制。

(7)滚动刷。用于涂刷打底料、胶粘剂等。规格:$\phi60\times125$mm、$\phi60\times250$mm。

(8)地板刷(鬃刷)。用于涂刷冷底子油、乳化沥青防水涂料、氯丁胶防水涂料等。规格:250mm、400mm、700mm。

(9)磅秤或杆秤。常用磅秤为 50kg,杆秤为 30kg。

(10)刮板(图 1-5)。木刮板、铁皮刮板、胶皮刮板三种,用于刮涂混合浆料如聚氨酯、"堵漏灵"等,胶皮刮板不能刮涂含溶剂的材料。

(11)镏子(图1-6)。用于密封材料表面修整及热熔卷材时使用,按需要自制。

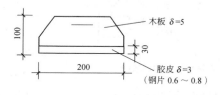

木板 δ=5

100

30

胶皮 δ=3
(钢片 0.6～0.8)

200

图 1-5 刮板(木刮板、胶皮刮板、铁皮刮板)

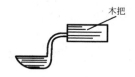

木把

图 1-6 镏子

(12)皮卷尺、钢卷尺。

皮卷尺有:10m、15m、20m、30m、50m。

钢卷尺有:1m、2m、3m、5m。

(13)剪刀、壁纸刀。用于裁剪卷材、玻纤布。

(14)弹线包。卷材防水时弹线用。自制,将线绳用彩色粉状材料包起来即可。

2. 热熔、焊接防水卷材施工机具

(1)喷灯。

用于热熔卷材。一般要求喷灯口距加热面30cm左右,采用喷灯施工时,操作工人必须蹲下或弯腰,劳动强度大。目前,用于热熔卷材施工的专用加热器具已基本定型。喷灯携带方便且仅用于复杂部位及小面积的施工。喷灯使用时的安全注意事项见说明书。

(2)热熔卷材专用加热器。

热熔卷材专用加热器的燃料有汽油和液化气两种。

①用汽油作燃料的加热器,外形见图1-7。

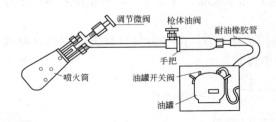

图 1-7　用汽油作燃料的加热器

②用液化气作燃料的加热器，外形见图 1-8。

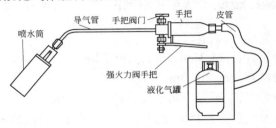

图 1-8　用液化气作燃料的加热器

以上两种加热器的使用方法及安全注意事项详见厂家使用说明书。

（3）热焊接卷材施工机具。

塑料类（PVC）防水卷材一般和基层是用机械固定的方法连接。卷材和卷材的连接用专用的热焊接机焊接。

热焊接卷材的施工机具常用的还有塑料焊枪，作为焊接机的辅助工具，用于补洞、转角的修补等。

3.堵漏施工机具

堵漏施工一般是用注浆泵把化学浆液注入各种建筑物的裂

缝中去,浆液遇水膨胀(单组分)或起化学反应(双组分),封堵漏水处,达到止水堵漏的目的。

(1)手压式注浆泵的技术指标:最大使用压力为1MPa;泵体质量为6kg;浆液储量为6~8kg;常用注浆压力为0.3~0.5MPa。

(2)电动式注浆泵灌注压力最高可达70MPa,浆液可压入0.02mm以上的微小裂缝内。

第2部分 防水工岗位操作技能

一、地下防水工程构造及设防要求

1. 地下防水等级及设防要求

（1）地下防水工程防水等级标准及其适用范围。

地下工程的防水等级分为四级，各级的标准及其适用范围应符合表 2-1 的规定。

表 2-1 　　　　　地下工程的防水等级标准及适用范围

防水等级	标准	适用范围
一级	不允许渗水，结构表面无湿渍	人员长期停留的场所；因有少量湿渍会使物品变质、失效的贮物场所及严重影响设备正常运转和危及工程安全运营的部位；极重要的战备工程
二级	不允许漏水，结构表面可有少量湿渍　　工业与民用建筑：总湿渍面积不应大于总防水面积（包括顶板、墙面、地面）的 1/1000；任意 100m² 防水面积上的湿渍不超过 1 处，单个湿渍的最大面积不大于 0.1m²　　其他地下工程：总湿渍面积不应大于总防水面积的 6/1000；任意 100m² 防水面积上的湿渍不超过 4 处，单个湿渍的最大面积不大于 0.2m²	人员经常活动的场所；在有少量湿渍的情况下不会使物品变质、失效的贮物场所及基本不影响设备正常运转和工程安全运营的部位；重要的战备工程

续表

防水等级	标准	适用范围
三级	有少量漏水点,不得有线流和漏泥砂; 任意 $100m^2$ 防水面积上的漏水点数不超过 7 处,单个漏水点的最大漏水量不大于 $2.5L/d$,单个湿渍的最大面积不大于 $0.3m^2$	人员临时活动的场所;一般战备工程
四级	有漏水点,不得有线流和漏泥砂; 整个工程平均漏水量不大于 $2L/(m^2 \cdot d)$;任意 $100m^2$ 防水面积的平均漏水量不大于 $4L/(m^2 \cdot d)$	对渗漏水无严格要求的工程

（2）地下防水工程防水设防要求。

①地下工程的防水设防要求,应根据使用功能、结构形式、环境条件、施工方法及材料性能等因素合理确定。

②地下的钢筋混凝土外墙、底板均应采用防渗混凝土,防渗等级按设计要求确定。

③变形缝的防水宜采用埋入式橡胶、塑料止水带。当环境温度大于 50℃ 时宜采用金属止水带。变形缝处混凝土结构的厚度不应小于 300mm。

④柔性防水层的基层表面必须坚实、平整,不得有尖锐突出物、空鼓、松动、起砂和大于 0.5mm 的裂缝缺陷。防水层施工过程中或完成后均应分别采取保护措施。

⑤凡各种地下室不同底板下均应浇筑厚度大于 100mm（软弱土层中大于 150mm）的 C15 混凝土垫层并突出底板边 150mm。有外保护墙时应突出底板不小于 300mm。

⑥地下防水工程可分为两部分内容:一是结构主体防水,二是细部构造特别是变形缝、施工缝、诱导缝、后浇带。因此,地下工程的变形缝、施工缝、诱导缝、后浇带、穿墙管（盒）、预埋件、预留通道接头、桩头等细部构造,应加强防水措施。

2. 不同防水等级构造做法及施工要求

（1）构造做法。

不同防水等级构造做法（以Ⅰ级防水等级、合成高分子防水卷材为例介绍其构造做法，其他防水等级构造做法详见《地下建筑防水构造》02J301），见表2-2。

表2-2　　　　　　　　　　　不同防水等级构造做法

防水等级	构造简图	构造做法	备注
Ⅰ级		保护层 合成高分子防水卷材 找平层 防水混凝土侧墙	
Ⅰ级		保护层 合成高分子防水卷材 找平层 防水混凝土顶板	合成高分子防水卷材必须双层铺设，总厚度不小于2.4mm
Ⅰ级		防水混凝土底板 保护层 合成高分子防水卷材 找平层 垫层	

（2）施工要求。

①地下防水工程必须由有相应资质的专业防水队伍进行施工，主要施工人员应持有建设行政部门或指定单位颁发的执业资格证书。

②地下防水工程所用的防水材料，应有产品的合格证书和

性能检测报告,材料的品种、规格、性能等应符合现行国家产品标准和设计要求。

二、地下卷材防水层施工操作

本节适用于受侵蚀性介质或受振动作用的地下工程主体迎水面铺贴卷材防水层的施工。

1. 地下卷材防水施工准备

(1)材料准备。

①卷材防水层应选用高聚物改性沥青类或合成高分子类防水卷材,卷材外观质量、品种规格应符合现行国家标准或行业标准。卷材外表不应有孔眼、断裂、叠皱、边缘撕裂。表面防粘层应均匀散布及油质均匀,无未浸透的油层和杂质,受水后不起泡、不翘边,冬季不脆断。

②胶结材料。根据所用的防水卷材的品种,选用与之材性相容的基层处理剂、胶粘剂、密封材料等配套材料。备用材料数量满足工程要求。

③地下工程卷材防水层不得采用纸胎油毡。

(2)机具准备。

卷材防水施工的主要机具为垂直运输机具和作业面水平运输机具以及铺贴施工中的压辊、喷灯及热熔所需的小型工具。

(3)作业条件。

①地下工程防水卷材施工必须在结构验收合格后进行。

②为便于施工并保证施工质量,施工期间地下水位应降低到垫层以下不少于 300mm 处。

③卷材防水层铺贴前,所有穿过防水层的管道、预埋件均应施工完毕,并做防水处理。防水层铺贴后,严禁在防水层上打眼

开洞,以免引起水的渗漏。

④铺贴卷材的温度应不低于 5℃,最好在 10～25℃时进行。冬季施工时应采取保温措施,雨天施工时应采取防雨措施。

2. 地下卷材防水施工做法

(1)外防外贴法施工。

外防外贴法是在混凝土底板和结构墙体浇筑前,先在墙体外侧的垫层上用半砖砌筑高 1m 左右的永久性保护墙体。

①砌筑永久性保护墙。在结构墙体的设计位置外侧,用 M5 砂浆砌筑半砖厚的永久性保护墙体。墙体应比结构底板高 160mm 左右。

②抹水泥砂浆找平层。在垫层和永久性保护墙表面抹 1:(2.5～3)的水泥砂浆找平层。找平层厚度、阴阳角的圆弧和平整度应符合设计要求或规范规定。

③涂布基层处理剂。找平层干燥并清扫干净后,按照所用的不同卷材种类,涂布相应的基层处理剂,如用空铺法,可不涂布基层处理剂。基层处理剂可用喷涂或刷涂法施工,喷涂应均匀一致,不露底。如基面较潮湿时,应涂刷湿固化型胶粘剂或潮湿界面隔离剂。

④铺贴卷材。地下室工程卷材防水层应先铺贴平面,后铺贴立面。第一块卷材应铺贴在平面和立面相交接的阴角处,平面和立面各占半幅卷材。待第一块卷材铺贴完后,以后的卷材应根据卷材的搭接宽度(长边为 100mm,短边为 150mm),在已铺卷材的搭接边上弹出基准线。

厚度为 3mm 以下的高聚物改性沥青防水卷材,不得用热熔法施工。

热塑性合成高分子防水卷材的搭接边,可用热风焊法进行粘结。

待胶粘剂基本干燥后,即可铺贴卷材。在平面与立面交界部位,应先铺贴平面部位的半幅卷材,然后沿阴角根部由下向上铺贴立面部位的另一半卷材。自平面折向立面的防水卷材,应与永久性保护墙体紧密贴严。

卷材铺贴完毕后,应用建筑密封材料对长边和短边搭接缝进行嵌缝处理。

⑤粘贴封口条。卷材铺贴完毕后,对卷材长边和短边的搭接缝应用建筑密封材料进行嵌缝处理,然后再用封口条做进一步封口密封处理,封口条的宽度为 120mm,见图 2-1。

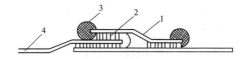

图 2-1 封口条密封处理
1—封口条;2—卷材胶粘剂;3—密封材料;4—卷材防水层

⑥铺设保护层。平面和立面部位的防水层施工完毕并经检查验收合格后,宜在防水层上虚铺一层沥青防水卷材做保护隔离层,铺设时宜用少许胶粘剂花粘固定,以防在浇筑细石混凝土刚性保护层时发生位移。保护隔离层铺设完毕,即可浇筑 40~50mm 厚的细石混凝土保护层。在浇筑细石混凝土的过程中,切勿损伤保护隔离层和卷材防水层。如有损伤必须及时对卷材防水层进行修补,修补后再继续浇筑细石混凝土保护层,以免留下渗漏隐患。

⑦砌筑临时性保护墙体。在浇筑结构墙体时,对立面部位的防水层和油毡保护层,按传统的临时性处理方法是将它们临时平铺在永久性保护墙体的平面上,然后用石灰砂浆砌筑 3 皮

单砖临时性保护墙,压住油毡及卷材。

⑧浇筑平面保护层和抹立面保护层。油毡保护层铺设完后,平面部位即可浇筑 40～50mm 厚的 C20 细石混凝土保护层。立面部位(永久性保护墙体)防水层表面抹 20mm 厚 1:(2.5～3)水泥砂浆找平层加以保护。拌和时宜掺入微膨胀剂。在细石混凝土及水泥砂浆保护层养护固化后,即可按设计要求绑扎钢筋、支模板进行浇筑混凝土底板和墙体施工。

⑨结构墙体外墙表面抹水泥砂浆找平层。先拆除临时性保护墙体,然后在外墙表面抹水泥砂浆找平层,见图 2-2。

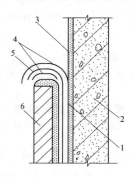

图 2-2 外墙表面抹水泥砂浆找平层
1—油毡保护层表面的找平层;2—结构墙体;
3—外墙表面的找平层;4—油毡保护层;
5—防水卷材;6—永久性保护墙体

⑩铺贴外墙立面卷材防水层。将甩槎防水卷材上部的保护隔离卷材撕掉,露出卷材防水层,沿结构外墙进行接槎铺贴。铺贴时,上层卷材盖过下层卷材不应小于 150mm,短边搭接宽度不应小于 100mm。遇有预埋管(盒)等部位,必须先用附加卷材(或加筋防水涂膜)增强处理后再铺贴卷材防水层。铺贴完毕

后,凡用胶粘剂粘贴的卷材防水层,应用密封材料对搭接缝进行嵌缝处理,并用封口条盖缝,用密封材料封边。

⑪外墙防水层保护层施工。外墙防水层经检查验收合格,确认无渗漏隐患后,可在卷材防水层的外侧用胶粘剂点粘 5～6mm 厚聚乙烯泡沫塑料片材或 40mm 厚聚苯乙烯泡沫塑料保护层。外墙保护层施工完毕后,即可根据设计要求或施工验收规范的规定,在基坑内分步回填 3：7 灰土,并分步夯实。

⑫顶板防水层与保护层施工。顶板防水卷材铺贴同底板垫层上铺贴。铺贴完后应设置厚 70mm 以上的 C20 细石混凝土保护层,同时在保护层与防水层之间应设虚铺卷材做隔离层,以防止细石混凝土保护层伸缩而破坏防水层。

⑬回填土。回填土必须认真施工,要求分层夯实,土中不得含有石块、碎砖、灰渣等杂物,距墙面 500mm 范围内宜用黏土或2：8 灰土回填。

(2)外防内贴法施工。

当地下围护结构墙体的防水施工采用外防外贴法受现场条件限制时,可采用外防内贴法施工。

外防内贴法平面部位的卷材铺贴方法与外防外贴法基本相同。

①做混凝土垫层。如保护墙较高,可采取加大永久性保护墙下垫层厚度做法,必要时可配置加强钢筋。

②砌永久性保护墙。在垫层上砌永久性保护墙,厚度为 1皮砖厚,其下干铺一层卷材。

③抹水泥砂浆找平层。在已浇筑的混凝土垫层和砌筑的永久性保护墙体上抹 20mm 厚1：(2.5～3)掺微膨胀剂的水泥砂浆找平层。

④涂布基层处理剂。待找平层的强度达到设计要求的强度

后,即可在平面和立面部位涂布基层处理剂。

⑤铺贴卷材。卷材宜先铺立面后铺平面。立面部位的卷材防水层,应从阴阳角部位逐渐向上铺贴,阴阳角部位的第一块卷材,平面与立面各占半幅,然后在已铺卷材的搭接边上弹出基准线,再按线铺贴卷材。

卷材的铺贴方法、卷材的搭接粘结、嵌缝和封口密封处理方法与外防外贴法相同。

⑥铺设保护隔离层和保护层。施工质量检查验收,确认无渗漏隐患后,先在平面防水层上点粘石油沥青纸胎卷材保护隔离层,立面墙体防水层上粘贴 5～6mm 厚聚乙烯泡沫塑料片材保护层。施工方法与外防外贴法相同。然后在平面卷材保护隔离层上浇筑厚 50mm 以上的 C20 细石混凝土保护层。

⑦浇筑钢筋混凝土结构层。按设计要求绑扎钢筋和浇筑混凝土主体结构,施工方法与外防外贴法相同。如利用永久性保护墙体代替模板,则应采取稳妥的加固措施。

⑧回填土。外防内贴法的主体结构浇筑完毕后,应及时回填 3∶7 灰土,并分步夯实。

(3)地下防水细部构造的处理。

①转角部位加固处理。卷材铺贴时,还应符合下列规定:在立面与平面的转角处,卷材的接缝应留在平面上距立面不小于 600mm 处;在所有转角处,均应铺贴附加层。附加层可用两层同样的卷材或一层抗拉强度较高的卷材。

②穿墙管部位处理。穿墙管处应埋设带有法兰盘的套管。施工时先将穿墙管穿入套管,然后在套管的法兰盘上做卷材防水层。首先将法兰盘及夹板上的污垢和铁锈清除干净,刷上沥青,其上再逐层铺贴卷材,卷材的铺贴宽度至少为 100mm,铺贴完后表面用夹板夹紧。为防止夹板将油毡压坏,夹板下可衬垫

软金属片、石棉纸板、无胎油毡或沥青玻璃布油毡。

　　③墙体变形缝。墙体变形缝宽度为 30mm。在墙体中间埋设橡胶止水带或塑料止水带。缝内填塞 10mm 厚浸乳化沥青木丝板,在变形缝里口填嵌聚氯乙烯胶泥。

　　④底板变形缝。底板变形缝宽度为 30mm。在底板中间埋设橡胶止水带或塑料止水带。在缝内填塞 30mm 厚浸乳化沥青木丝板。在变形缝上口填嵌聚氯乙烯胶泥。

3. 地下沥青防水卷材铺贴操作要点

　　(1)平面铺贴要点。

　　铺贴卷材前,宜使基层表面干燥,先喷冷底子油结合层两道,然后根据卷材规格及搭接要求弹线,按线分层铺设,铺贴卷材应符合下列要求:

　　①粘贴卷材的沥青胶结材料的厚度一般为 1.5～2.5mm。

　　②卷材搭接长度,长边不应小于 100mm,短边不应小于 150mm。上下两层和相邻两幅卷材的接缝应错开,上下层卷材不得相互垂直铺贴。

　　③在平面与立面的转角处,卷材的接缝应留在平面上距立面不小于 600mm 处。

　　④在所有转角处均应铺贴附加层。附加层可用两层同样的卷材,也可用一层抗拉强度较高的卷材。附加层应按加固处的形状仔细粘贴紧密。

　　⑤粘贴卷材时应展平压实。卷材与基层和各层卷材间必须粘结紧密,多余的沥青胶结材料应挤出,搭接缝必须用沥青胶结料仔细封严。最后一层卷材贴好后,应在其表面上均匀地涂刷一层厚度为 1～1.5mm 的热沥青胶结材料。同时撒拍粗砂以形成防水保护层的结合层。

⑥平面与立面结构施工缝处,防水卷材接槎的处理见图 2-3。

(2)立面铺贴要点。

铺贴前宜使基层表面干燥,满喷冷底子油两道,干燥后即可铺贴。铺贴立面卷材,有两种铺贴方法,其做法要求如下:

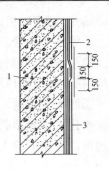

图 2-3　防水错槎接缝
1—需防水结构;
2—油毡防水层;3—找平层

①外防外贴法。应先铺平面,后铺贴立面,平、立面交接处应加铺附加层。一般施工将立面底根部根据结构施工缝高度改为外防内贴卷材层,接槎部位先做的卷材应留出搭接长度,该范围的保护墙应用石灰砂浆砌筑,待结构墙体做外防外贴卷材防水层时,分层接槎,外防水错槎处接缝见图 2-3。经验收后砌筑保护墙。

②外防内贴法。在结构施工前,应将永久性保护墙砌筑在与需防水结构同一垫层上。保护墙贴防水卷材面应先抹 1:3 水泥砂浆找平层,干燥后喷涂冷底子油,干燥后即可铺贴油毡卷材。卷材铺贴必须分层,先铺贴立面,后铺贴平面,铺贴立面时应先铺转角,后铺大面;卷材防水层铺完后,应按规范或设计要求做水泥砂浆或混凝土保护层,一般在立面上应在涂刷防水层最后一层沥青胶结材料时,粘上干净的粗砂,待冷却后,抹一层 10~20mm 厚的 1:3 水泥砂浆保护层;在平面上可铺设一层 30~50mm 厚的细石混凝土保护层。

(3)保护层或保护墙。

外防内贴卷材防水层表面应做保护层,平面卷材面做细石混凝土保护层厚度为 30~50mm;立面抹 1:3 水泥砂浆保护层,厚度为 10~20mm。卷材平面防水层施工中和完成后,不得在防水层上放置材料或防水层用作施工运输车道。

4.高聚物改性沥青卷材防水铺贴操作要点

（1）冷粘结法施工要点。

冷粘结法是将冷胶粘剂（冷玛琋脂、聚合物改性沥青胶粘剂等）均匀地涂布在基层表面和卷材搭接边上，使卷材与基层、卷材与卷材牢固地胶粘在一起的施工方法。

①涂刷胶粘剂要均匀、不露底、不堆积。胶粘剂涂布厚度一般为 $1\sim2mm$，用量不小于 $1kg/m^2$。

②涂刷胶粘剂后，铺贴防水卷材，其间隔时间根据胶粘剂的性能确定。

③铺贴卷材的同时，要用压辊滚压以驱赶卷材下面的空气，使卷材粘牢。

④卷材的铺贴应平整顺直，不得有皱褶、翘边、扭曲等现象。卷材的搭接应牢固，接缝处溢出的冷胶粘剂随即刮平，或者用热熔法接缝。

⑤卷材接缝口应用密封材料封严，密封材料宽度不小于 10mm。

（2）冷自粘结法施工要点。

冷自粘结法是在生产防水卷材的时候，就在卷材底面涂了一层压敏胶（属于高性能胶粘剂），压敏胶表面敷有一层隔离纸。施工时，撕掉隔离纸，直接铺贴卷材即可。很显然，压敏胶就是冷胶粘剂，冷自粘结法靠压敏胶将基层与卷材，卷材与卷材紧密地粘结在一起。

①先在基层表面均匀涂布基层处理剂，处理剂干燥后再及时铺贴卷材。

②铺贴卷材时，要将隔离纸撕净。

③铺贴卷材时,用压辊滚压以驱赶卷材下面的空气,并使卷材粘牢。

④卷材的铺贴应平整顺直,不得有皱褶、翘边、扭曲等现象。卷材的搭接应牢固,接缝处宜采用热风焊枪加热,加热后随即粘牢卷材,溢出的压敏胶随即刮平。

⑤卷材接缝口应用密封材料封严,密封材料宽度不小于 10mm。

(3)热熔法施工要点。

热熔法是用火焰喷枪(或喷灯)喷出的火焰烘烤卷材表面和基层(已刷过基层处理剂),待卷材表面熔融至光亮黑色,基层得到预热,立即滚铺卷材。边熔融卷材表面边滚铺卷材,使卷材与基层、卷材与卷材之间紧密粘结。

若防水层为双层卷材,第二层卷材的搭接缝与第一层的搭接缝应错开卷材幅宽的 $1/3 \sim 1/2$,以保证卷材的防水效果。

①喷枪或喷灯等加热器喷出的火焰,距卷材面的距离应适中;幅宽内加热应均匀,不得过分加热或烧穿卷材,以卷材表面熔融至光亮黑色为宜。

②卷材表面热熔后,应立即滚铺卷材,并用压辊滚压卷材,排除卷材下面空气,使卷材粘结牢固、平整,无皱褶、扭曲等现象。

③卷材接缝处,用溢出的热熔改性沥青随即刮平封口。

(4)保护层施工。

平面做水泥砂浆或细石混凝土保护层;立面防水层施工完,应及时稀撒石渣后抹水泥砂浆保护层。

5. 合成高分子卷材防水铺贴操作要点

(1)铺贴前在基层面上排尺弹线,作为掌握铺贴的标准线,使其铺设平直。

（2）卷材粘贴面涂胶。将卷材铺展在干净的基层上，用长把滚刷蘸胶涂匀，应留出搭接部位不涂胶。晾胶至胶基本干燥不粘手。

（3）基层表面涂胶。底胶干燥后，在清理干净的基层面上，用长把滚刷蘸胶均匀涂刷，涂刷面不宜过大，然后晾胶。

（4）卷材粘贴。在基层面及卷材粘贴面已涂刷好胶的前提下，将卷材用 $\phi30mm$、长1.5m的圆心棒（圆木或塑料管）卷好，由两人抬至铺设端头，注意用线控制，位置要正确，粘结固定端头，然后沿弹好的标准线向另一端铺贴。操作时卷材不要拉太紧，并注意方向沿标准线进行，以保证卷材搭接宽度。

①卷材不得在阴阳角处接头，接头处应间隔错开。

②操作中排气。每铺完一张卷材，应立即用干净的滚刷从卷材的一端开始横向用力滚压一遍，以便将空气排出。

③滚压。排除空气后，为使卷材粘结牢固，应用外包橡皮的铁辊滚压一遍。

④接头处理。卷材搭接的长边与端头的短边100mm范围，用丁基胶粘剂粘结，涂于搭接卷材的两个面，待其干燥 15～30min 即可进行压合，挤出空气，不许有皱褶，然后用铁辊滚压一遍。

凡遇有卷材重叠三层的部位，必须用聚氯酯嵌缝膏填密封严。

⑤收头处理。防水层周边用聚氨酯嵌缝，并在其上涂刷一层聚氨酯涂膜。

（5）保护层。防水层做完后，应按设计要求做好保护层，一般平面为水泥砂浆或细石混凝土保护层；立面为砌筑保护墙或抹水泥砂浆保护层，外做防水层的也可贴有一定厚度的板块保护层。

三、地下涂料防水层施工操作

本节适用于受侵蚀性介质或受震动作用的地下工程主体迎水面或背水面涂刷的涂料防水层。

涂料防水层应采用反应型、水乳型、聚合物水泥防水涂料或水泥基、水泥基渗透结晶型防水涂料。无机防水涂料宜用于结构主体的背水面,有机防水涂料宜用于结构主体的迎水面,用于背水面的有机防水涂料应具有较高的抗渗性,且与基层有较强的粘结性。

1. 地下涂料防水层

(1)材料准备。

①涂料防水层所选用的涂料应符合下列规定:

具有良好的耐水性、耐久性、耐腐蚀性及耐菌性,无毒,难燃,低污染。无机防水涂料应具有良好的湿干粘结性、耐磨性和抗刺穿性;有机防水涂料应具有较好的延伸性及较大适应基层变形能力。

②无机防水涂料、有机防水涂料的性能指标应符合表 2-3、表 2-4 的规定。

③胎体增强材料的质量应符合表 2-5 的规定。

表 2-3　　　　　　　　无机防水涂料的性能指标

涂料种类	抗折强度 (MPa)	粘结强度 (MPa)	抗渗性 (MPa)	冻融循环
水泥基防水涂料	≥4	≥1.0	>0.8	>F50
水泥基渗透结晶型防水涂料	≥3	≥1.0	>0.8	>F50

表2-4　　　　　　　　　有机防水涂料的性能指标

涂料种类	可操作时间(min)	潮湿基面粘结强度(MPa)	抗渗性(MPa)			浸水168h后拉伸强度	浸水168h后断裂伸长率(%)	耐水性(%)	表干(h)	实干(h)
			涂膜30min	砂浆迎水面	砂浆背水面					
反应型	≥20	≥0.3	≥0.3	≥0.6	≥0.2	≥1.65	≥300	≥80	≤8	≤24
水乳型	≥50	≥0.2	≥0.3	≥0.6	≥0.2	≥0.5	≥350	≥80	≤8	≤12
聚合物水泥	≥30	≥0.6	≥0.3	≥0.8	≥0.2	≥1.5	≥80	≥80	≤8	≤12

注：1. 浸水168h后的拉伸强度和断裂延伸率是在浸水取出后只经擦干即进行试验所得的值。

2. 耐水性指标是指材料浸水168h后取出擦干即进行试验，其粘结强度及抗渗性的保持率。

表2-5　　　　　　　　　胎体增强材料质量要求

项目		聚酯无纺布	化纤无纺布	玻纤网布
外观		均匀、无团状、平整、无折皱		
拉力（宽50mm）	纵向	≥150N	≥45N	≥90N
	横向	≥100N	≥35N	≥50N
延伸率	纵向	≥10%	≥10%	≥3%
	横向	≥20%	≥20%	≥3%

（2）机具准备。

应备有电动搅拌器、塑料圆底拌料桶、台秤、吹风机（或吸尘器）、扫帚、油漆刷、滚动刷、橡皮刮板及消防器材等。

（3）作业条件。

①基层表面的气孔、凹凸不平、蜂窝、缝隙、起砂等，应用水泥砂浆找平或用聚合物水泥腻子填补刮平，基层必须干净、无浮浆、无水珠、不渗水。

②涂料施工前，基层阴阳角应做成圆弧形，阴角直径宜大于50mm，阳角直径宜大于10mm。

③涂料施工前应先对阴阳角、预埋件、穿墙等部位进行密封或加强处理。

④涂料的配制及施工,必须严格按涂料的技术要求进行。

⑤基层应干燥,含水率不得大于 9%,当含水率较高或环境湿度大于 85%时,应在基面涂刷一层潮湿隔离剂。基层含水率测定,可用高频水分测定计测定,也可用厚为 1.5~2.0mm 的 1m² 橡胶板材覆盖基层表面,放置 2~3h,若覆盖的基层表面无水印,且紧贴基层的橡胶板一侧也无凝结水印,则基层的含水率即不大于 9%。

(4)地下防腐水涂料施工工艺流程(图 2-4)。

基层处理 → 涂刷底层涂料 → 增强涂布或增补涂布 → 涂布第一道涂膜防水层 → 增强涂布或增补涂布 → 涂布第二道(或面层)涂膜防水层 → 稀撒石碴 → 铺抹水泥砂浆 → 粘贴保护层

图 2-4 地下防腐水涂料施工工艺流程

2. 聚氨酯涂膜防水层施工操作要点

(1)基层要求及处理。

①基层要求坚固、平整光滑,表面无起砂、疏松、蜂窝麻面等现象,如有上述现象存在时,应用水泥砂浆找平或用聚合物水泥腻子填补刮平。

②遇有穿墙管或预埋件时,穿墙管或预埋件应按规定安装牢固、收头圆滑。

③基层表面的泥土、浮土、油污、砂粒疙瘩等必须清除干净。

(2)涂刷基层处理剂。

将聚氨酯甲、乙组分和二甲苯按 1:1.5:2 的比例(质量比)配置,搅拌均匀,再用长柄滚刷蘸满混合料均匀地涂刷在基层表面上,涂刷时不得堆积或露白见底,涂刷量以 0.3kg/m² 左右为宜,涂后应干燥 5h 以上,方可进行下一工序施工。

(3)涂布操作要点。

①涂布顺序应先垂直面,后水平面,先阴阳角及细部节点,后大面。每层涂抹方向应相互垂直。

增强涂布或增补涂布可在涂刷基层处理剂后进行,也可以在涂布第一遍涂膜防水层以后进行。也有将增强涂布夹在每相邻两层涂膜之间的做法。

②在阴阳角、穿墙管周围、预埋件及设备根部、施工缝或开裂处等需要增强防水层抗渗性的部位,应做增强或增补涂布。

增强涂布是在涂布增强涂膜中铺设聚酯纤维无纺布,做成“一布二涂”或“二布三涂”,用板刷涂刮驱除气泡,将聚酯纤维无纺布紧密地粘贴在已涂刷基层处理剂的基层上,不得出现空鼓或折皱。这种做法一般为条形。增补涂布为块状,做法同增强涂布,但可做多次涂抹。增强、增补涂布与基层处理剂是组成涂膜防水层的最初涂层,对防水层的抗渗性能具有重要作用,因此涂布操作时要认真仔细,保证质量,不得有气孔、鼓泡、折皱、翘边、露白等缺陷,聚酯纤维无纺布应按设计规定搭接。

③防水涂膜涂布时,用长柄滚刷蘸取配制好的混合料,顺序均匀地涂刷在基层处理剂已干燥的基层表面上,涂刷时要求厚薄均匀一致,对平面基层以 3～4 遍为宜,每遍涂刷量为 0.6～0.8kg/m²;对立面基层以涂刷 4～5 遍为宜,每遍涂刷量为 0.5～0.6kg/m²。防水涂膜总厚度以不小于 2mm 为合格。

④涂完第一遍涂膜后,一般需固化 5h 以上,以指触基本不粘时,再按上述方法涂刷第二、第三、第四、第五遍涂层。对平面基层,应将搅拌均匀的混合料分开倒于基面上,用刮板将涂料均匀地刮开摊平;对立面基层,一般采用塑料畚箕刮涂,畚箕口倾斜与墙面成 60°夹角,自下而上用橡皮刮板刮涂。

⑤每遍涂层涂刷时,应交替改变涂层的涂刷方向,同层涂膜的先后搭茬宽度宜为 30～50mm。

⑥每遍涂层宜一次连续涂刷完毕,如需留设施工缝时,对施工缝应注意保护,搭接缝宽度应大于 100mm,接涂前应将施工缝处表面处理干净。

⑦待每遍涂层固化干燥后,应进行检查,如有空鼓、气孔、露底、堆积、固化不良、裂纹等缺陷,应进行修补,修补后方可涂布下一层。

⑧当防水层中需铺设胎体增强材料时,一般应在第二遍涂层刮涂后,立即铺贴聚酯纤维无纺布,并使无纺布平坦地粘贴在涂膜上,长短边搭接宽度均应大于 100mm,在无纺布上再滚涂混合料,滚压密实,不允许有皱褶或空鼓、翘边现象,经 5h 以上固化后,方可涂刷第三遍涂层。如有两层或两层以上胎体增强材料时,上下层接缝应错开 1/3 幅宽。

(4)保护层施工。

①平面部位。当最后一遍涂膜完全固化,经检查合格后,即可铺一层沥青卷材作隔离层,铺设时可用少许聚氨酯涂料或氯丁橡胶类胶粘剂花粘固定,然后在隔离层上浇筑 40～50mm 厚细石混凝土作刚性保护层,施工时必须注意避免机具或材料损伤卷材隔离层和涂膜防水层,如有损伤应及时修复,避免留下隐患。完成刚性保护层后,即可根据设计要求绑扎钢筋,浇筑主体结构混凝土。

②立面部位。当最后一遍涂料刮涂后,在固化前立即粘贴 5～6mm 厚聚乙烯泡沫塑料片作软保护层,粘贴时要求泡沫塑料片拼缝严密,以防回填土时损伤防水涂膜,或在最后一遍涂料时,边刷涂料边撒中粗砂,待粘结牢固后抹水泥砂浆或砌砖保护层。保护层施工完毕,即可按设计要求分层夯实回填土。

3.硅橡胶涂膜防水层施工操作要点

（1）基层要求及处理。

①基层应坚实、平整光滑,表面不得有起砂、疏松、剥落和凹凸不平现象。

②基层上的灰尘、油污、碎屑及尖锐棱角应清除干净,凹凸和裂缝等应用水泥砂浆或涂料腻子填补找平,并要达到一定强度。

（2）涂布操作要点。

①防水层可采用喷涂、滚涂或刷涂均可。一般采用刷涂法,用长板刷、排笔等软毛刷进行。涂料使用前应先搅拌均匀,并不得任意加水。

②防水层的刷涂层次,一般分四遍,第一、第四遍为 1 号涂料,第二、第三遍为 2 号涂料。

③涂刷程序应先做转角,穿墙管道、变形缝等节点附加增强层,然后再做大面积涂布。

④首先在处理好的基层上均匀地涂刷一遍 1 号防水涂料,不得漏涂,同时涂刷不宜太快,以免在涂层中产生针眼、气泡等质量通病,待第一遍涂料固化干燥后再涂刷第二遍。

⑤第二、第三遍均涂刷 2 号防水涂料,每遍涂料均应在前遍涂料固化干燥后涂刷。凡遇底板与立墙根连接的阴角,均应铺设聚酯纤维无纺布进行附加增强处理,做法与聚氨酯涂料处理相同。

（3）保护层施工。

①当第四遍涂料涂刷后,表面尚未固化而仍发粘时,在其上抹一层 1：2.5 水泥砂浆保护层。由于该防水涂料具有憎水性,因此抹砂浆保护层时,其砂浆的稠度应小于一般砂浆,并注意压

实抹光,以保证砂浆与防水层有良好的粘结,同时,水泥砂浆中要清除小石子及尖锐颗粒,以免在抹压时损伤防水涂膜。

②当采用外防内涂法施工时,则可在第四遍涂膜防水层上花贴一层沥青卷材作隔离层,这一隔离层就可作为立墙的内模板,但在绑扎钢筋、浇筑主体结构混凝土时,应注意防止损坏卷材隔离层和涂膜防水层。

③当采用内防水法施工时,则应在最后一遍涂料涂刷时,采取边刷涂料,边撒中粗砂(最好粗砂),并将砂子与涂料粘牢或铺贴一层结合界面材料,如带孔的黄麻织布、玻纤网格布等,然后抹水泥砂浆或粘贴面砖饰面层。

4.复合防水涂料施工操作要点

复合防水涂料是由有机液料和无机粉料复合而成的双组分防水涂料,既具有有机材料弹性高又有无机材料耐久性好的优点。

(1)基层要求与处理。

①基层必须坚固无松动,表面应平整、无明水、无渗漏,如有凹凸不平及裂缝等缺陷,应用水泥砂浆或聚合物水泥腻子找平嵌实;遇有穿墙管、预埋件时,应将穿墙管、预埋件按规定安装牢固,收头圆滑;阴阳角应做成圆弧角。

②基层上泥土、灰尘、油污和砂粒疙瘩等应用钢丝刷、吹风机等消除干净。

(2)涂布操作要点。

①施工顺序为:底涂料→下层涂料→中层涂料、铺无纺布→面层涂料→保护层。

②配料。底涂料的质量配合比为:液料∶粉料∶水＝10∶7∶14;下层、中层和面层的质量配合比为:液料∶粉料∶水＝

10：7：(0～2);面层涂料根据需要可加颜色以形成彩色层。彩色涂料的质量配合比为:液料∶粉料∶颜料∶水＝10∶7∶(0.5～1.0)∶(0～2)。颜料应选用中性氧化铁系无机颜料(如选用其他颜料需经试验确定)。在规定的用水范围内,斜面、顶面、立面施工应不加水或少加水,平面施工时宜多加些水。

在进行配料时,应先将水加入到液料中用电动搅拌器搅拌均匀后,再边搅拌边徐徐加入粉料,充分搅拌均匀直至料中不含粉团,搅拌时间约 3min。

③用滚子或刷子将涂料均匀地涂覆于基层上,按照先细部后大面、先立墙后平面的原则按顺序逐层涂覆,各层之间的时间间隔以上一层涂膜固化干燥不粘为准(在温度为 20℃的露天条件下,不上人施工的约需 3h,上人施工约需 5h),现场环境温度低、湿度大、通风差,固化干燥时间长些,反之则短些。

④需铺胎体增强材料时,应选用下层、铺无纺布、中层三道工序连续施工的工法,即在涂刷下层涂料后,立即铺设无纺布,要求铺平铺直,然后在其上涂刷中层涂料,要求不得有气孔、针眼、鼓泡、折皱、露白、堆积、翘边等缺陷,无纺布长短边搭接宽度应为 100mm。

⑤涂覆过程中,涂料应经常搅拌,防止沉淀,涂刷要求多次滚刷,使涂料与基层之间不留气泡,粘结严实;每层涂覆必须按规定用量取料;底涂料为 0.3kg/m²,下层、中层和面层每层为 0.9 kg/m²。尽量厚薄均匀,不能过厚或过薄,若最后防水层厚度不够,可加涂一层或数层。

⑥防水层涂膜厚度应按设计要求或根据工程防水等级决定。

⑦搅拌好的涂料(当配比为液料∶粉料∶水＝10∶7∶2)在环境温度为 20℃条件下,必须在 3h 内用完,现场环境温度低,可用时间长些,反之则短些,如料过久变得稠硬时,应废弃不得

加水再用。

（3）保护层施工。

保护层或装饰型保护层应在防水层完工 2d 后进行。如抹水泥砂浆保护层时，应在面层涂料涂刷后立即撒干净的中粗砂，并使其粘结牢固，养护 2d 后抹 1∶2.5 水泥砂浆。如贴面砖、地砖等装饰块材时，可将复合防水涂料∶粉料＝10∶（15～20）调成腻子状，即可用作胶粘剂。

5. 氯丁橡胶沥青防水涂料施工操作要点

（1）溶剂型氯丁橡胶。

①基层处理。基层须平整、坚实、清洁、干燥。基层不平处，应用高强度等级砂浆填平补齐，阴阳角处应做成圆弧角。涂布前应进行表面处理，用钢丝刷或其他机具清刷表面，除去浮灰杂物及不稳固的表层，并用扫帚清理干净。

②先在按要求处理好的基层上用较稀的涂料用力涂刷一层底涂层。

③待底涂层干燥后（约一昼夜），即可边刷涂料边粘玻璃纤维布。玻璃纤维布铺贴后用排刷刷平，使玻璃纤维布被涂料充分浸透。当第一层玻璃纤维布涂层干燥后，可另刷一遍涂料，再铺贴第二层玻璃纤维布，在其上再刷涂料。玻璃纤维布相互搭接长度应不少于 100mm，上下两层玻璃纤维布接缝应上下错开。粘贴玻璃纤维布后，应检查有无气泡和皱褶，如有气泡，则应将玻璃纤维布剪破排除气泡，并用涂料重新粘贴好。

④施工注意事项。

a. 由于涂料是以甲苯或二甲苯作溶剂，易挥发，因此应密闭贮存。

b. 施工现场要注意通风，避免工作人员因吸入过量溶剂挥发气体而中毒。

（2）水乳型氯丁橡胶。

①基层处理。水泥砂浆找平层应坚实、平整,用 2m 直尺检查,凹处不超过5mm,并平缓变化,每平方米内不多于一处。若不符合上述要求,应用 1∶3 水泥砂浆找平。基层裂缝要修补,裂缝小于 0.5mm 的,先以稀释防水涂料做二次底涂,干后再用防水涂料反复涂几次。0.5mm 以上裂缝,应将裂缝加以适当剔宽,涂上稀释防水涂料,干后用防水涂料或嵌缝材料灌缝,在其表面粘贴30~40mm宽的玻璃纤维网格布条,上涂防水涂料。

②将稀释防水涂料均匀涂布于基层找平层上。涂刷时选择在无阳光的早晚进行,使涂料有充分的时间向基层毛细孔内渗透,增强涂层对底层的粘结力。干后再涂刷防水涂料 2~3 遍,涂刷涂料时应做到厚度适宜,涂布均匀,不得有流淌、堆积现象,以利于水分蒸发,避免起泡。

③铺贴玻璃纤维网格布,施工时可采用干贴法或湿铺法。前者是在已干的底涂层上平铺玻璃纤维网格布,展平后加以点粘固定;后者是在已干的底涂层上,边涂防水涂料边铺贴玻璃纤维布。

④施工注意事项。

a. 涂料使用前必须搅拌均匀。

b. 不得在气温 5℃ 以下施工;雨天、风沙天不得施工;夏季太阳曝晒下和后半夜潮露时不宜施工。

c. 施工中严禁踩踏未干防水层,不准穿带钉鞋操作。

6.再生橡胶沥青防水涂料施工操作要点

（1）溶剂型再生橡胶。

①基层要求平整、密实、干燥,含水率低于 9%,不得有起砂

疏松、剥落和凹凸不平现象,各种坡度应符合排水要求。基层不平处,应用高强度等级砂浆填平补齐,阴阳角处应做成圆弧角。涂布前应进行表面清理,用钢丝刷或其他机具清刷表面,除去浮灰杂物及不稳固的表层,并用扫帚或吹尘机清理干净。

②基层裂缝宽度在 0.5mm 以下时,可先刷涂料一道,然后用腻子(涂料:滑石粉或水泥＝100:(100～120)或(120～180))刮填。对于较大的裂缝,可先凿宽,再嵌填弹塑性较大的聚氯乙烯塑料油膏或橡胶沥青油膏等嵌缝材料。然后用涂料粘贴一条(宽约 50mm)玻璃纤维布或化纤无纺布增强。

③处理基层后,用鬃刷将较稀的涂料(用涂料加 50％汽油稀释)用力薄涂一遍,使涂料尽量向基层微孔及发丝裂纹里渗透,以增加涂层与基层的粘结力。不得漏刷,不得有气泡,一般厚为 0.2mm。

④按玻璃纤维布或化纤无纺布宽度和铺贴顺序在基层上弹线,以掌握涂刷宽度。中层涂层施工时,应尽量避免上人反复踩踏已贴部位,以防因粘脚而把布带起,影响与基层粘结。

⑤施工注意事项。

a. 底层涂层施工未平时,不准上人踩踏。

b. 玻璃纤维布与基层必须粘牢,不得有皱褶、气泡、空鼓、脱层、翘边和封口不严现象。

c. 基层应坚实、平整、清洁,混合砂浆及石灰砂浆表面不宜施工。施工温度为 -10℃～40℃,下雨、大风天气停止施工。

d. 本涂料以汽油为溶剂,在贮运及使用过程中均须充分注意防火。随用随倒随封,以防挥发。存放期不宜超过半年。

e. 涂料使用前须搅拌均匀,以免桶内上下浓稀不均。刷底层涂层及配有色面层涂料时,可适当添加少许汽油,降低粘度以利涂刷。

　　f. 配腻子及有色涂料所用粉料均应干燥,表面保护层材料应洁净、干燥。

　　g. 使用细砂作罩面层时,需用水洗并晒干后方能使用。

　　h. 工具用完后用汽油洗净,以便再用。

　　(2)水乳型再生橡胶。

　　①基层要求有一定的干燥程度,含水率10%以下。若经水洗,要待自然干燥,一般要求晴天间隔1d,阴天酌情适当延长。若基层找平材料为现浇乳化沥青珍珠岩,其水湿率应低于5%。

　　②对基层裂缝要预先修补处理。宽度在0.5mm以下的裂缝,先刷涂料一遍,然后以自配填缝料(涂料掺加适量滑石粉)刮填,干后于其上用涂料粘贴宽约50mm的玻璃纤维布或化纤无纺布;大于0.5mm的裂缝则需凿宽,嵌填塑料油膏或其他适用的嵌缝材料,然后粘贴玻璃纤维布或化纤无纺布增强。

　　③在按规定要求进行处理基层后,均匀用力涂刷涂料一遍,以改善防水层与基层的粘结力。干燥固化后,再在其上涂刷涂料1~2遍。

　　④将防水涂料用小桶适当地倒在已干燥的底涂层上,随即用长柄大毛刷推刷,一般刷涂厚度为0.3~0.5mm。涂刷要均匀,不可过厚,也不得漏刷。然后将预先用圆轴卷好的玻璃纤维布(或化纤无纺布)的一端贴牢,两手紧握布卷的轴端,用力向前滚压玻璃纤维布,随刷涂料随粘贴,并用长柄刷赶走布下的气泡,将布压贴密实。贴好的玻璃纤维布不得有皱纹、翘边、白茬、鼓泡等现象。然后依次逐条铺贴,切不可铺一条空一条。铺贴时操作人员应退步进行。涂膜未干前不得上人踩踏。若须加铺玻璃纤维布,可依第一层玻璃纤维布铺贴方法施工。布的长、短边搭接宽度均应大于100mm。

　　⑤施工注意事项。

a. 施工基层应坚实,宜等混凝土或水泥砂浆干缩至体积较稳定后再进行涂料施工,以确保施工质量。

b. 涂料开桶前应在地上适当滚动,开桶后再用木棒搅拌,以使稠度均匀,然后倒入小桶内使用。

c. 如需调节涂料浓度,可加入少量工业软水或冷开水,切忌往涂料里加入常见的硬水,否则将会造成涂料破乳而报废。

d. 施工环境气温宜为 10～30℃,并以选择晴朗天气为佳,雨天应暂停施工。

e. 涂料每遍涂刷量不宜超过 0.5kg/m²,以免一次堆积过厚而产生局部干缩龟裂。

f. 若涂料沾污身体、衣物,短期内可用肥皂水洗净;时间过长涂料干固,无法水洗时,可用松节油或汽油擦洗,然后再用肥皂水清洗。施工工具上黏附的涂料应在收工后立即擦净,以便下次再用。切勿用一般水清洗,否则涂料将速变凝胶,使毛刷等工具不能再用。

g. 防水层完工后,如发现有皱褶,应将皱褶部分用刀划开,用防水涂料粘贴牢固,干后在上面再粘一条玻璃纤维布增强;若有脱空起泡现象,则应将其割开放气,再用涂料贴玻璃纤维布补强;倒坡和低洼处应揭开该处防水层修补基层,再按规定做法恢复防水层。

h. 水乳型再生胶沥青防水涂料无毒、不燃、贮运安全。但贮运环境温度应大于 0℃。注意密封,贮存期一般为 6 个月。

7. 水泥基渗透结晶型防水涂料施工操作要点

这种结晶体不溶于水,能充塞混凝土的微孔及毛细管道。由于它的活性物质和水有良好的亲和性,在施工后很长一段时间里,沿着需要维修的混凝土基层中的细小裂缝和毛细管道中的渗漏水源向内层发展延伸,伸入混凝土内部再产生结晶,和混凝土合成一个整体,起到密实混凝土,提高其强度、防腐、抗渗作用。

这种防水材料,也是堵漏材料,在无水条件下,材料的活性成分会保持静止状态,一旦遇水就起化学反应,封闭过程往往重复发生,混凝土的裂缝会修复。因属无机材料,可做永久性防水材料。

(1)气候及混凝土基面条件。

①该涂料不能在雨中或环境温度低于 4℃时施工。

②由于该涂料在混凝土中结晶形成过程的前提条件需要湿润,所以无论新浇筑的混凝土,还是旧有的混凝土,都要用水浸透,以便加强表面的虹吸作用,但不能有明水。

③新浇筑的混凝土表面在浇筑 20h 后方可使用该涂料。

④混凝土浇筑后的 24～72h 为使用该涂料的最佳时段,因为新浇筑的混凝土仍然潮湿,所以基面仅需少量的预喷水。

⑤混凝土基面应当粗糙、干净,以提供充分开放的毛细管系统以利于渗透。所以对于使用钢模或表面有反碱、尘土、各种涂料、薄膜、油漆及油污或者其他外来物都必须进行处理,要用凿击、喷砂、酸洗(盐酸)、钢丝刷刷洗、高压水冲等(如使用盐酸腐蚀法,必须先用水打湿,酸处理后表面应用水彻底冲净)方法处理。结构表面如有缺陷、裂缝、蜂窝、麻面均应修凿、清理。

(2)浓缩剂灰浆调制

①将该涂料与干净的水调和(水内要求无盐和无有害成分)。混合时可用手电钻装上有叶片的搅拌棒或戴上胶皮手套用手及抹子来拌合。

②混料时要掌握好料、水的比例,一次不宜调多,要在

20min 内用完,混合物变稠时要频繁搅动,中间不能加水。

刷涂时,按体积用 5 份料、2 份水调和,一般刷一层是 0.65~0.8kg/m²。

喷涂时,按体积用 5 份料、3 份水调和,一般喷一层是 0.8~1kg/m²。

防水等级要求高的工程则需涂两层,最好是一层浓缩剂、一层增效剂。增效剂的调制同浓缩剂(若外层贴瓷砖或抹砂浆时,可不用增效剂)。

(3)施工。

①该涂料刷涂、喷涂时需用半硬的尼龙刷或专用喷枪,不宜用抹子、滚筒、油漆刷或油漆喷枪。涂层要求均匀,各处都要涂到,一层的厚度应小于 1.2mm,太厚会造成养护困难。涂刷时应注意用力,来回纵横地刷,以保证凹凸处都能涂上并达到均匀。喷涂时喷嘴距涂层要近些,以保证灰浆能喷进表面微孔或微裂纹中。

②当需涂第二层(该涂料浓缩剂或增效剂)时,一定要等第一层初凝后仍呈潮湿状态时(即 48h 内)进行,如太干则应先喷洒些水。

③在热天露天施工时,建议在早、晚或夜间进行,防止涂层过快干燥,造成表面起皮影响渗透。

④对水平地面或台阶阴阳角必须注意涂匀,阳角要刷到,阴角及凹陷处不能有过厚的沉积,否则在堆积处可能开裂。

⑤对于水泥类材料的后涂层,在涂层初凝后(8~48h)即可使用。对于油漆、环氧树脂和其他有机涂料,在涂层上的施工需要 21d 的养护和结晶过程才能进行,建议施工前先用 3%~5%的盐酸溶液清洗涂层表面,之后应将所有酸液从表面上洗去。

（4）养护。

①在养护过程中必须用净水,必须在初凝后使用喷雾式,一定要避免涂层被破坏。一般每天需喷水 3 次,连续 2～3d,在热天或干燥天气要多喷几次,防止涂层过早干燥。

②在养护过程中,必须在施工后 48h 防避雨淋、霜冻、烈日、曝晒、污水及 2℃ 以下的低温。在空气流通很差的情况下,需用风扇或鼓风机帮助养护(如封闭的水池或湿井)。露天施工用湿草袋覆盖为好,如果使用塑料膜作为保护层,必须注意架开,以保证涂层的“呼吸”及通风。

③对盛装液体的混凝土结构(如游泳场、水库、蓄水槽等)必须在 3d 的养护之后,再施置 12d 才能灌进液体。对盛装特别热或腐蚀性液体的混凝土结构,需放 18d 才能灌盛。

④为适应特定使用条件时,可用伽玛养护液代替水养护。

（5）回填土。

在该涂料施工 36h 后可回填湿土,7d 内均不可回填干土,以防止其向涂层吸水。

四、水泥砂浆防水层施工

本节适用于建筑工程中地下混凝土或砌体结构上采用多层抹面的普通水泥砂浆防水层施工,不适用于环境有侵蚀性、持续振动或使用温度高于 80℃ 的地下工程。

1. 水泥砂浆防水层施工准备

（1）材料准备。

①水泥:一般采用强度等级大于 32.5 级的普通硅酸盐水泥、硅酸盐水泥,不得使用过期或受潮结块的水泥。水泥进场应有产品合格证和复验报告。

②砂:宜用中砂,不得含有杂物。含泥量不大于 1%,硫化物和硫酸盐含量不大于 1%,使用前必须过 3mm 孔径的筛。

③水:采用自来水或对混凝土无腐蚀性的纯净水。

④其他材料:外加剂、掺合料、防水粉及界面剂等,应根据设计要求选用,其产品质量应符合相应的质量标准。

(2)机具准备。

①机械:砂浆搅拌机。

②工具:灰板、铁抹子、阴阳角抹子、半截大桶、钢丝刷、软毛刷、靠尺、榔头、尖凿子、铁锹、扫帚、木抹子、刮杠等。

(3)作业条件。

①结构基层表面应平整、坚实、粗糙、清洁,并充分湿润,无积水。防水砂浆基层经验收合格,并办理隐检手续。

②地下室结构的预留孔洞、管道进出口等细部应按设计要求做好防水处理,并办理隐检手续。

③防水水泥砂浆施工环境气温条件应为 5~35℃。

2. 施工操作

(1)工艺流程(图 2-5)

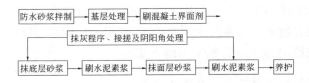

图 2-5　防水砂浆施工工艺流程

(2)防水砂浆拌制。

①砂浆应采用机械搅拌,拌合时严格按照配合比加料,拌合要均匀一致,搅拌时间不少于 3min,应随拌随用。

②拌合好的砂浆存放时间：普通硅酸盐水泥砂浆，当气温为5～25℃时，不宜超过60min；当气温为25～35℃时，不宜超过45min。

（3）混凝土墙抹水泥砂浆防水层。

①基层处理。对基层的蜂窝及松散混凝土要剔除，用水冲刷干净，用1：2干硬性水泥砂浆捻实。表面有油污应用10％浓度的火碱溶液刷洗干净，混凝土表面应凿毛。

②刷混凝土界面剂。用滚刷在基层表面刷混凝土界面剂，随即抹底层砂浆。

③抹底层砂浆。用1：2水泥砂浆，加水泥质量3％～5％的防水粉，水灰比宜为0.4～0.5。先将防水粉和水泥、砂子拌匀后，再加水拌合。搅拌均匀后进行抹灰操作，抹灰厚度为5～10mm，在砂浆初凝之前用木抹子抹压密实。

④刷水泥素浆。底层砂浆抹完1d后，将表面浇水湿润，再抹水泥防水素浆，水灰比宜为0.37～0.4，并掺水泥质量3％的防水粉。先将水泥与防水粉拌合，然后加入适量水搅拌均匀，用毛刷刷一遍，厚度在1mm左右。

⑤抹面层砂浆。刷完水泥素浆后，紧接着抹面层砂浆，配合比同底层砂浆，抹灰厚度在5～10mm左右，凝固前要先用木抹子搓平，用铁抹子压实、压光。

⑥刷水泥素浆。面层砂浆抹完1d后刷水泥素浆一道，配合比同第一道水泥素浆，先将水泥与水拌合后，加入防水粉再搅拌均匀，用软毛刷子将面层均匀涂刷一遍。

（4）砖墙抹水泥砂浆防水层。

①基层处理。砖墙抹防水层时，必须在砌砖时划缝，深度为10～12mm。

②贴灰饼。吊垂直、套方找规矩，弹厚度控制线，按厚度线

用防水砂浆做标准厚度灰饼、冲筋。灰饼为梅花点布置,两点间距离为 2000mm。

③基层浇水湿润。抹灰前一天用水把砖墙浇透,第二天抹灰时再把砖墙浇水湿润。

④抹底层砂浆。配合比为水泥∶砂=1∶2.5,加水泥质量 3%的防水粉。先用铁抹子薄薄地刮一层,然后用木抹子上灰、搓平,压实表面并顺平。抹灰厚度为 6～10mm。

⑤刷水泥素浆。底层抹完 1d 后,将表面浇水湿润,再抹水泥防水素浆,掺水泥质量 3%的防水粉。先将水泥与防水粉拌合,然后加入适量水搅拌均匀,用毛刷刷一遍,厚度在 1mm左右。

⑥抹面层砂浆。抹完水泥素浆之后,紧接着抹面层砂浆,配合比与底层相同,先用木抹子搓平,后用铁抹子压实、压光。抹灰厚度在 6～8mm 之间。

⑦刷水泥素浆。面层抹灰 1 天后,刷水泥素浆,配合比按照设计要求。先将水泥和水拌匀后,加入防水粉再搅拌均匀,用软毛刷子将面层均匀涂刷一遍,厚度为 1mm,再用铁抹子抹压密实。

(5)地面抹水泥砂浆防水层。

①清理基层。将基层上松散的混凝土、砂浆等清理干净,凸出的鼓包剔除。

②刷水泥素浆。其配合比按设计要求,加适量水拌和成粥状,铺摊在地面上,用扫帚均匀扫一遍。

③抹底层砂浆。底层用 1∶3 水泥砂浆,掺水泥质量 3%～5%的防水粉。将拌好的砂浆倒在地上,用杠尺刮平,木抹子顺平,铁抹子压一遍。

④刷水泥素浆。常温间隔 1 天后刷水泥素浆一道,配合比

为水泥∶防水粉＝1∶0.03(质量比),加适量水。

⑤抹面层砂浆。刷水泥素浆后,接着抹面层砂浆,配合比及做法同底层。

⑥刷水泥素浆。面层砂浆初凝后刷最后一遍素浆(不要太薄,以满足耐磨的要求),配合比为水泥∶防水粉＝1∶0.01(质量比),加适量水,使其与面层砂浆紧密结合在一起,并压光、压实。

(6)抹灰程序、接槎及阴阳角处理。

一般先抹立墙后抹地面。槎子不应甩在阴阳角处,各层抹灰茬子不得留在一条线上,底层与面层搭槎间距在 150～200mm 之间,接槎时要先刷水泥防水素浆。所有墙的阴角都要做半径 50mm 的圆角,阳角做成半径为 10mm 的圆角。地面的阴角都要做成 50mm 以上的圆角,用阴角抹子压光、压实。几层做法总厚度应符合设计要求。每层做法宜连续施工,各层紧密结合,不留或少留施工缝,如必须留时应留成阶梯波形槎,接槎要依照层次顺序操作,层层搭接紧密,接槎宽度不应少于200mm。接槎位置均需离开阴、阳角处 200mm。

(7)养护。

一般情况下,在水泥砂浆防水层有一定强度后,表面覆盖麻袋片或草袋,每隔 4h 浇水一次,保持防水层表面经常湿润,养护时间视气温条件决定,一般不得少于 14d,养护环境温度不宜低于 5℃。

五、塑料板防水层施工操作

本节适用于铺设在初期支护与二次衬砌间的塑料防水板防水层。

1. 材料及机具准备

(1)材料准备。

塑料防水板可用的材料为二乙烯—醋酸乙烯共聚物(EVA)、乙烯—共聚物沥青(ECB)、聚氯乙烯(PVC)、高密度聚乙烯(HDPE)、低密度聚乙烯(LDPE)类或其他性能相近的材料。具体应按设计要求选用。

(2)主要机具。

①机械设备。手动或自动式热风焊接机、除尘机、充气检测仪、冲击钻(JIEC—20 型)、压焊器(220V/150W)。

②主要工具。放大镜(放大 10 倍)、电烙铁、螺刀、扫帚、剪刀、木锤、铁铲、皮尺、木棒、铁桶等。

2. 塑料板防水施工操作要点

(1)塑料防水层铺设前操作准备工作。

①测量隧道、坑道开挖断面,对欠挖部位应加以凿除,对喷射混凝土表面凹凸显著部位应分层喷射找平;外露的锚杆头及钢筋网应齐根切除,并用水泥砂浆找平。喷射混凝土表面凹凸显著部位,是指矢高与弦长之比超过 1/6 的部位应修凿、喷补,使混凝土表面平顺。

②应检查塑料板有无断裂、变形、穿孔等缺陷,保证材料符合设计、质量要求。

③应检查施工机械设备、工具是否完好无缺,并检查施工组织计划是否科学、合理等。

(2)塑料板防水层铺设主要技术要求。

①塑料板防水层施作,应在初期支护变形基本稳定和在二次衬砌灌筑前进行。开挖和衬砌作业不得损坏已铺设的防水

层。因此,防水层铺设施作点距爆破面应大于 150m,距灌筑二
次衬砌处应大于 20m;当发现层面有损坏时,应及时修补;当喷
射表面漏水时,应及时引排。

②防水层可在拱部和边墙按环状铺设,并视材质采取相应
接合办法。塑料板宜用搭接宽度为 100mm,两侧焊缝宽应不小
于 25mm(橡胶防水板粘接时,其搭接宽度为 100mm,粘缝宽不
小于 50mm)。

③防水层接头处应擦干净,塑料防水板应用与材质相同的
焊条焊接,两块塑料板之间接缝宜采用热楔焊接法,其最佳焊接
温度和速度应根据材质试验确定。聚氯乙烯 PVC 板和聚乙烯
PE 板焊接温度和速度,可参考表 2-6。防水层接头处不得有气
泡、折皱及空隙;接头处应牢固,强度应不小于同一种材料(橡胶
防水板应用粘合剂连接,涂刷胶浆应均匀,用量应充足才能确保
粘合牢固)。

表 2-6 　　　　　　　PVC 板、PE 板最佳焊接温度和速度

项目 材质	PVC 板	PE 板
焊接温度(℃)	130～180	230～265
焊接速度(m/min)	0.15	0.13～0.2

④防水层用垫圈和绳扣吊挂在固定点上,其固定点的间距:
拱部应为 0.5～0.7m,侧墙为 1.0～1.2m,在凹凸处应适当增加
固定点;固定点之间防水层不得绷紧,以保证灌筑混凝土时板面
与混凝土面能密贴。

⑤采用无纺布做滤层时,防水板与无纺布应密切叠合,整体
铺挂。

⑥防水层纵横向一次铺设长度,应根据开挖方法和设计断

面确定。铺设前宜先行试铺，并加以调整。防水层的连接部分，在下一阶段施工前应保护好，不得弄脏和损破。

（3）塑料板防水层搭接方法。

①环向搭接。即每卷塑料板材沿衬砌横断面环向进行设置。

②纵向搭接。板材沿隧道纵断面方向排列。纵向搭接要求成鱼鳞状，以利于排水，见图2-6；止水带安装，见图2-7。

图 2-6　聚乙烯板纵向搭接

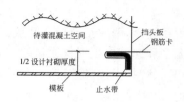

图 2-7　止水带安装位置

（4）铺缓冲层。

铺设防水板前应先铺缓冲层。缓冲层应用暗钉圈固定在基层上，见图2-8。

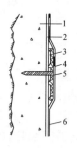

图 2-8　暗钉圈固定缓冲层示意图

1—初期支护；2—缓冲层；3—热塑性圆
垫层；4—金属垫圈；5—射钉；6—防水板

（5）铺设防水板。

①铺设防水板时，边铺边将其与暗钉圈焊接牢固。两幅防水板的搭接宽度应为 100mm，下部防水板应压住上部防水板，搭接缝应为双焊缝，单条焊缝的有效焊接宽度不应小于10mm，焊接严密，不得焊焦焊穿，环向铺设时，先拱后墙，下部防水板应压住上部防水板。

②防水板的铺设应超前内衬混凝土的施工，其距离宜为 5～20m，并设临时挡板，防止机械损伤和电火花灼伤防水板。

③塑料板的搭接处必须采用双焊缝焊接，不得有渗漏。检验方法为：双焊缝间空腔内充气检查，以 0.25MPa 充气压力保持 15min 后，下降值不小于 10％为合格。

（6）内衬混凝土施工时应符合下列规定：

①振捣棒不得直接接触防水板。

②浇筑拱顶时应防止防水板绷紧。

（7）局部设置防水板防水层时，其两侧应采取封闭措施。

六、地下防水细部构造

本节适用于防水混凝土结构的变形缝、施工缝、后浇带、穿墙管道、埋设件等细部构造。

1. 细部施工操作准备

（1）材料准备。

止水带分为柔性止水带和氯丁胶片止水带等。柔性止水带包括橡胶止水带和塑料止水带。氯丁胶片止水带分为粘贴式和涂刷式两种。

①粘贴式氯丁胶片止水带为布纹氯丁耐胶片，用胶结材粘贴。粘贴式氯丁胶片的粘结材料见表 2-7。

表 2-7   粘贴式氯丁胶片的粘结材料

名称	氯丁橡胶胶粘剂	三苯甲烷三异氰酸酯（列克那）	乙酸乙酯	水泥
规格	2 号胶浆	试剂	工业	普通水泥 32.5 级
用途	胶粘剂	固化剂	稀释剂	填充料
一般性能	耐老化、耐油、耐水、耐腐蚀	本身抗水性差，加入胶粘剂后稳定性提高	为便于操作，调整胶粘剂的稠度，易挥发	提高粘结层的粘结强度

②涂刷式氯丁胶片止水带是以玻璃布为衬托层，涂布氯丁胶浆而成的，胶浆中要掺入定量的固化剂、稀释剂及填充料等，见表 2-8。

表 2-8   涂刷式氯丁胶片所用材料

名称	无蜡玻璃布①	氯丁胶浆	三苯甲烷三异氰酸酯（列克那）	乙酸乙酯	汽油	水泥
规格用途	453mm×453mm×0.15mm 衬托层	涂刷材	试剂固化剂	工业稀释剂	工业稀释剂	32.5 级及填充料

①如采用有蜡玻璃布，可浸于脱蜡溶剂或 180℃以上温度烘烤 0.5h 进行脱蜡。

遇水膨胀橡胶在运输及贮存时，应避免受潮湿和遭水浸，还应注意防止污染、沾上尘土或污物。腻子型止水条要保护隔离纸，不应在使用前受破坏或过早撕去隔离纸。

以上材料的具体选用，应符合设计要求，备用数量应满足工程需要。

(2)机具准备。

①机械设备。搅拌筒、搅拌棒、电动搅拌器。

②机具。钢丝刷、平铲、凿子、锤子、砂布、砂纸、扫帚、小毛刷、皮老虎、吹风机、溶剂桶、刷子、棉纱、铁锅、铁桶或塑化炉、刮刀、腻子刀、嵌缝手动挤料枪、嵌缝电动挤料枪、灌缝车、鸭嘴壶、

防污条、磅秤、安全防护用品。

（3）作业条件。

①基面修补完毕。

②整体沉降量达到 80%。

③在潮湿及有积水的部位，应在遇水膨胀橡胶止水条上涂刷缓凝剂。

2. 变形缝防水施工操作

（1）变形缝的防水施工应符合下列规定：

①变形缝设置中埋式止水带时，混凝土浇筑前应校正止水带位置，表面清理干净，止水带损坏处应修补；顶、底板止水带的下倒混凝土应振捣密实，边墙止水带内外侧混凝土应均匀，保持止水带位置正确、平直，无卷曲现象。

②变形缝处增设的卷材或涂料防水层，应按设计要求施工。

（2）变形缝处混凝土结构的厚度不应小于 300mm。

（3）用于沉降的变形缝，其最大允许沉降差值不应大于 30mm。当计算沉降差值大于 30mm 时，应在设计时采取措施。

（4）用于沉降的变形缝的宽度宜为 20~30mm，用于伸缩的变形缝的宽度宜小于此值。

（5）变形缝的几种复合防水构造形式见图 2-9~图 2-11。

（6）对环境温度高于 50℃处的变形缝，可采用 2mm 厚的紫铜片或 3mm 厚不锈钢片等金属止水带，其中间呈圆弧形，见图 2-12。

（7）中埋式止水带施工应符合下列规定：

①止水带埋设位置应准确，其中间空心圆环应与变形缝的中心线重合。

②止水带应妥善固定，顶、底板内止水带应呈盆状安设。止

水带宜采用专用钢筋套或扁钢固定。采用扁铜固定时，止水带端部应先用扁钢夹紧，并将扁钢与结构内钢筋焊牢。固定扁钢用的螺栓间距宜为 500mm，见图 2-13。

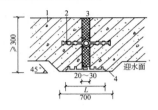

图 2-9　中埋式止水带与外贴
防水层复合使用

（外贴式止水带 $L \geqslant 300$；外贴防水卷材
$L \geqslant 400$；外涂防水涂层 $L \geqslant 400$）

1—混凝土结构；2—中埋式止水带；
3—填缝材料；4—外贴防水层

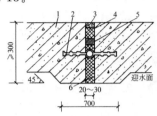

图 2-10　中埋式止水带与遇水膨胀橡胶条、
嵌缝材料复合使用

1—混凝土结构；2—中埋式止水带；
3—填缝材料；4—背衬材料；
5—遇水膨胀橡胶条；6—填缝材料

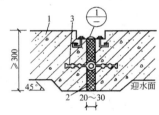

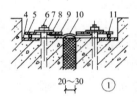

图 2-11　中埋式止水带与可卸式止水带复合使用

1—混凝土结构；2—填缝材料；3—中埋式止水带；4—预埋钢板；5—紧固件压板；
6—预埋螺栓；7—螺母；8—垫圈；9—紧固件压块；10—Ω型止水带；11—紧固件圆钢

③中埋式止水带先施工一侧混凝土时，其端模应支撑牢固，严防漏浆。

④止水带的接缝宜为一处，应设在边墙较高位置上，不得设在结构转角处，接头宜采用热压焊。

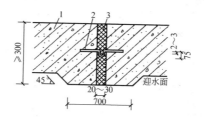

图 2-12　中埋式金属止水带

1—混凝土结构;2—金属止水带;3—填缝材料

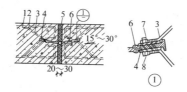

图 2-13　顶(底)板中埋式止水带的固定

1—结构主筋;2—混凝土结构;3—固定用钢筋;

4—固定止水带用扁钢;5—填缝材料;

6—中埋式止水带;7—螺母;8—双头螺杆

⑤中埋式止水带在转弯处宜采用直角专用配件,并应做成圆弧形,橡胶止水带的转角半径应不小于 200mm,钢边橡胶止水带应不小于 300mm,且转角半径应随止水带的宽度增大而相应加大。

(8)安设于结构内侧的可卸式止水带施工时应符合下列要求:

①所需配件应一次配齐。

②转角处应做成 45°折角。

③转角处应增加紧固件的数量。

(9)当变形缝与施工缝均用外贴式止水带时,其相交部位宜采用图 2-14 所示的专用配件。外贴式止水带的转角部位宜使用图 2-15 所示的专用配件。

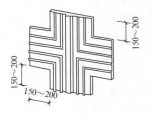

图 2-14　外贴式止水带在施工缝相交处的专用配件

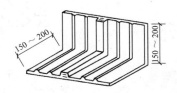

图 2-15　外贴式止水带在转角处的专用配件及与变形缝相交处的专用配件

（10）宜采用遇水膨胀橡胶与普通橡胶复合的复合型橡胶条或中间夹有钢丝或纤维织物的遇水膨胀橡胶条或中空圆环型遇水膨胀橡胶条。当采用遇水膨胀橡胶条时，应采取有效的固定措施，防止止水条胀出缝外。

（11）嵌缝材料嵌填施工时，应符合下列要求：

①缝内两侧应平整、清洁、无渗水，并涂刷与嵌缝材料相容的基层处理剂。

②嵌缝时，应先设置与嵌缝材料隔离的背衬材料。

③嵌填应密实，与两侧粘结牢固。

（12）在缝上粘贴卷材或涂刷涂料前，应在缝上设置隔离层，而后再行施工。卷材防水层、涂料防水层的施工应符合"二、卷材防水层施工""三、涂料防水层施工"的有关规定。

3. 施工缝防水做法

（1）施工缝的设置。

①墙体水平施工缝不应留在剪力与弯矩最大处或底板与侧墙的交接处，应留在高出底板表面不小于 300mm 的墙体上；拱

（板）墙结合的水平施工缝,应留在拱（板）墙接缝线以下 150～300mm 外;墙体有预留孔洞时,施工缝距孔洞边缘不应小于 300mm;与板边成整体的大断面梁,设置在梁底面以下 20～30mm 处。

②垂直施工缝应避开地下水和裂隙水较多的地段,并宜与变形缝相结合,除满足防水要求外,还应能适应接缝两端结构产生的差异沉降及纵向伸缩。

（2）施工缝的防水施工应符合下列规定:

①水平施工缝浇筑混凝土前,应将其表面浮浆和杂物清除,先铺净浆,再铺 30～50mm 厚的 1∶1 水泥砂浆或涂刷混凝土界面处理剂,并及时浇筑混凝土。

②垂直施工缝浇筑混凝土前,应将其表面清理干净,并涂刷水泥净浆或混凝土界面处理剂,并及时浇筑混凝土。

③采用中埋式止水带时,应确保位置准确、固定牢靠。

（3）选用的遇水膨胀止水条应具有缓胀性能,其 7d 膨胀率不应大于最终膨胀率的 60％;遇水膨胀止水条应牢固地安装在缝表面或预留槽内。具体施工方法如下:

①清理混凝土施工缝基层。混凝土浇筑完并脱模后,用钢丝刷、凿子、扫帚等工具将基层不平整的部分凿平,扫去浮灰等杂物。

②涂刷胶粘剂。将粘结膨胀橡胶的胶粘剂均匀地涂刷在清理干净的待粘结基层部位。

③固定遇水膨胀橡胶条。遇水膨胀橡胶条粘结安装后,如不进一步加以固定,很有可能会脱落,特别是位于垂直施工缝和侧立面施工缝的胶条（图 2-16）,在浇筑混凝土时,由于振捣而将其振落。所以,还需用水泥钢钉将其钉压固定,水泥钢钉的间隔宜为 1m 左右。

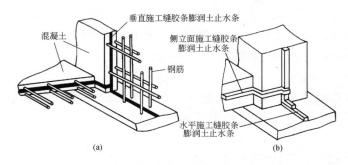

图 2-16 遇水膨胀橡胶止水条安装在施工缝中的示意图
(a)不同部位安装示意图;(b)搭接方法示意图

④遇水膨胀橡胶条的连接方法。遇水膨胀橡胶条用重叠的方法进行搭接连接(图 2-16、图 2-17),搭接处应用水泥钢钉固定。安装路径应沿施工缝形成闭合环路,不得留断点。

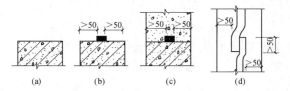

图 2-17 遇水膨胀橡胶止水条安装示意图
(a)基层;(b)粘贴止水条;(c)混凝土覆盖宽度;(d)拼接方法

⑤用遇水膨胀橡胶止水条对施工缝进行防水处理,应在晴天无雨、无雪的天气施工。如在粘贴完至浇筑混凝土前的一段时间内估计会下雨、下雪时,应停止粘贴。混凝土的浇筑应在止水条未受雨水、地下水浸泡的条件下进行。如在浇筑前,止水条已遭受雨水、地下水或其他水源的浸泡,则应揭起,重新粘贴新的止水条。

4. 后浇带防水做法

(1)后浇带的设置。

①后浇带应设在受力和变形较小的部位,间距宜为 30~60m,宽度宜为700~1000mm。

②后浇带可做成平直缝,结构主筋不宜在缝中断开,如必须断开,则主筋搭接长度应大于 45 倍主筋直径,并应按设计要求加设附加钢筋。后浇带的防水构造见图 2-18~图 2-20。

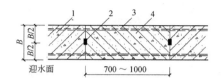

图 2-18 后浇带防水构造(一)

1—先浇混凝土;2—遇水膨胀止水条;

3—结构主筋;4—后浇补偿收缩混凝土

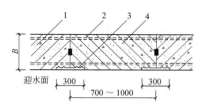

图 2-19 后浇带防水构造(二)

1—先浇混凝土;2—结构主筋;3—外贴式

止水带;4—后浇补偿收缩混凝土

③后浇带需超前止水时,后浇带部位混凝土应局部加厚,并增设外贴式或中埋式止水带,见图 2-21。

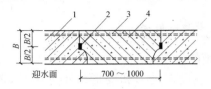

图 2-20 后浇带防水构造(三)

1—先浇混凝土;2—遇水膨胀止水条;

3—结构主筋;4—后浇补偿收缩混凝土

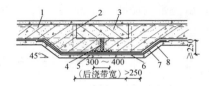

图 2-21 后浇带超前止水构造

1—混凝土结构;2—钢丝网片;3—后浇带;

4—填缝材料;5—外贴式止水带;6—细石

混凝土保护层;7—卷材防水层;8—垫层混凝土

(2)后浇带的施工应符合下列规定:

①后浇带混凝土施工前,后浇带部位和外贴式止水带应予以保护,严防落入杂物和损伤外贴式止水带。

②后浇带应采用补偿收缩混凝土浇筑,其强度等级不应低于两侧混凝土。

③后浇带混凝土养护时间不得少于 28d。

5. 穿墙管(盒)防水做法

(1)穿墙管(盒)防水构造。

①穿墙管(盒)应在浇筑混凝土前预埋。

②穿墙管与内墙角、凹凸部位的距离应大于 250mm。

③结构变形或管道伸缩量较小时,穿墙管可采用主管直接

埋入混凝土内的固定式防水法,并应预留凹槽,槽内用嵌缝材料嵌填密实。

④结构变形或管道伸缩量较大或有更换要求时,应采用套管式防水法,套管应加焊止水环。

(2)穿墙管道的防水施工应符合下列规定。

①穿墙管止水环与主管或翼环与套管应连续满焊,并做好防腐处理。

②穿墙管处防水层施工前,应将套管内表面清理干净。

③套管内的管道安装完毕后,应在两管间嵌入内衬填料,端部用密封材料填缝。柔性穿墙时,穿墙内侧应用法兰压紧。

④穿墙管外侧防水层应铺设严密,不留接茬;增铺附加层时,应按设计要求施工。

⑤管与管的间距应大于 300mm。

⑥采用遇水膨胀止水圈的穿墙管,管径宜小于 50mm,止水圈应用胶粘剂满粘固定于管上,并应涂缓胀剂。

(3)穿墙管线较多时,宜相对集中,采用穿墙盒方法。穿墙盒的封口钢板应与墙上的预埋角钢焊严,并从钢板上的预留浇筑孔注入改性沥青柔性密封材料或细石混凝土处理。

(4)当工程有防护要求时,穿墙管除应采取有效防水措施外,尚应采取措施满足防护要求。

(5)穿墙管伸出外墙的部位,应采取有效措施防止回填时将管损坏。

6. 埋设件防水做法

(1)结构上的埋设件宜预埋。

(2)埋设件端部或预留孔(槽)底部的混凝土厚度不得小于 250mm;当厚度小于 250mm 时,必须局部加厚或采取其他防水措施。

(3)预留地坑、孔洞、沟槽内的防水层,应与孔(槽)外的结构防水层保持连续。

(4)固定模板用的螺栓必须穿过混凝土结构时,螺栓或套管应满焊止水环或翼环;采用工具式螺栓或螺栓加堵头做法,拆模后应采取加强防水措施将留下的凹槽封堵密实。

7. 密封材料的防水施工

(1)聚氨酯建筑密封膏的施工工艺。

①工艺流程(图2-22)。

施工准备 → 基层修整、清扫 → 填置背衬材料 → 贴设防污条带 →

涂基层处理剂 → 填装嵌缝枪 → 嵌填密封材料 → 修平压光 →

除防污条、清理缝边 → 养护密封材料 → 检查合格、做保护层

图2-22　聚氨酯建筑密封膏的施工工艺流程

②基层清理、清扫。对被嵌接缝应清除杂物、清扫干净。修补缺陷,去掉浮浆、隔离剂等。

③填置背衬材料。为防止破坏底涂层,背衬材料应在涂刷基层处理剂之前填置。

④贴设防污条带。防污条带应在涂刷基层处理剂之前粘贴。防污条带可视接缝及外部情况,选用牛皮纸、玻璃胶带、压敏胶带等。

⑤涂基层处理剂。涂刷基层处理剂应均匀一致,不得漏涂。若发现漏涂,应重新涂刷一次。基层处理剂干燥后,应立即嵌填密封材料。如未立即进行嵌缝且停置时间达24h以上者,则应全部重新再涂刷一次基层处理剂。

⑥嵌填密封材料。聚氨酯建筑密封膏为常温反应固化型弹性体,用其嵌缝系采用"冷嵌法",要求嵌填密实,不得存有气泡

或孔洞。

⑦修平压光。接缝嵌满后,趁密封膏尚未干,及时用刮刀予以修平压光。

⑧除防污条、清理缝边。接缝密封膏表面修平压光后,即可揭除防污条。

⑨养护密封材料。接缝密封膏嵌填施工后,应进行养护,通常需 2～3d。

⑩检查合格,做保护层。在质量验收合格后,宜及时做保护层,保护层应按设计要求去做;当设计未做规定时,可用聚氨酯涂膜防水材料加衬胎体增强材料,做 200～300mm 宽的"一布二涂"涂膜保护层;也可根据需要做成块体或水泥砂浆保护层。

(2)橡胶沥青嵌缝油膏的施工工艺。

①基层处理。先将接缝内杂物、浮尘清除干净。缝内填塞背衬材料或填灌细石混凝土、水泥砂浆至所需深度。细石混凝土或水泥砂浆硬化干燥后,应将缝内再清理一次,清除浮粒和灰尘。

②嵌填油膏。底涂料干燥后,即可进行嵌填施工。先用刮刀将少量油膏刮抹于两侧缝壁,再分两次将油膏嵌满、嵌实于缝中,第一次先沿一侧缝壁刮填油膏,然后勾成斜面与缝壁呈倾角,第二次沿另一侧缝壁刮填至填平,再沿整个缝勾平。嵌填时应刮填密实,防止裹入空气形成气泡。油膏嵌满缝内,并高出缝壁 3～5mm,呈弧形盖过接缝。

③嵌缝后的表面处理。涂刷稀释的素浆(油膏:汽油＝7:3),涂刷宽度应超出嵌缝油膏两侧各 20～30mm,盖过嵌缝油膏,密实封严。铺贴油毡或做加胎体增强层的涂膜防水层。抹水泥砂浆。这种做法要求密封膏嵌填应低于接缝缝口,以便水泥砂浆封抹。

七、地下建筑防水工程质量问题及防治与渗漏水治理

1. 地下建筑防水工程质量问题及防治

（1）卷材防水层质量问题及防治。

①施工中应使基层表面的含水率达到要求，当基层表面较潮湿且达不到干燥要求时，应在潮湿的基层表面上涂刷潮湿界面剂；防水卷材铺贴时，应随滚压随排气，使防水卷材与基层粘结牢靠；缩短防水层的裸露时间，避免阳光曝晒及雨水浸泡防水层，以防卷材防水层空鼓。

②铺贴卷材时应注意加强保护卷材防水甩头，防止损坏；防水层搭接，必须保证搭接面的有效粘结宽度，接缝要严密；后浇带部位浇筑混凝土前，应有效遮盖，浇筑混凝土时要彻底清理，如防水层破损应及时修复；穿墙管根部的卷材收头应用 14 号铅丝或用箍圈固定，再用与卷材相容的密封材料封涂收口，以防出现渗漏。

（2）涂料防水层质量问题及防治。

①施工时如发现涂膜层空鼓，产生的原因主要是基层潮湿，找平层未干，含水率过大，使涂膜空鼓，形成鼓泡；施工时注意控制好基层含水率，接缝处应认真操作，使其粘结牢固。

②施工时，如在穿过地面、墙面的管根、地漏和伸缩缝等处出现渗漏水，主要原因是由于管根松动或粘结不牢，接触面清理不干净，产生空隙；接搓、封口处搭接长度不够，粘贴不紧密，或伸缩缝处由于建筑物不均匀下沉，撕裂防水层等原因造成的，施工过程中应精心仔细地操作，加强责任心和检查。

（3）水泥砂浆防水层质量问题及防治。

①刷素浆前基层表面应凿毛，抹灰后应充分浇水，确保养护

期限达到要求,以防抹灰面空鼓。

②拌合水泥砂浆时应计量准确,施工时抹灰面应抹压密实,以免抹灰层产生裂缝。

③抹灰的层次要清楚,各层厚度应均匀,层与层之间的抹灰时间要掌握得当,跟得太紧,宜出现流坠。刷完素浆后紧跟着抹面层砂浆,以防层间粘结不牢出现渗水现象。面层接茬、穿墙等细部应处理好,以免造成局部渗漏。

④水泥砂浆要在规定时间内用完,施工中不得任意加水,以确保砂浆配合比符合要求。

(4)地下防水细部构造。

①变形缝。

a. 止水带宽度和材质的物理性能均应符合设计要求,且无裂缝和气泡;接头应采用热接,不得叠接,接缝平整、牢固,不得有裂口和脱胶现象。

b. 中埋式止水带中心线应和变形缝中心线重合,止水带不得穿孔或用铁钉固定。

c. 变形缝两侧的混凝土必须成型准确,内实外光。

②后浇带。

a. 混凝土的浇筑应密实,成型应精确,应特别注意新旧混凝土界面处的混凝土密实度。

b. 混凝土浇筑后应覆盖保湿养护。

c. 防水后浇带的施工应注意界面的清理及止水条、止水带的保护。严禁后浇带处有渗漏现象。

③穿墙管。在管道穿过防水混凝土结构处,预埋套管,防水套管的刚性或柔性做法由设计选定,套管上加焊止水环,套管与止水环必须一次浇固于混凝土结构内,且与套管相接的混凝土必须浇捣密实。止水环应与套管满焊严密,止水环数量按设计

规定。套管部分加工完成后在其内壁刷防锈漆一道。

④密封料与混凝土表面应留有一定的距离 c（图 2-23、图 2-24），此值在低温嵌缝时宜为 5mm，高温嵌缝时宜为 10mm。

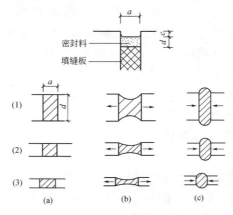

图 2-23　密封料的嵌入深度和变形

(1)形状系数 $d/a=2$，设密封料体积为 4；(2)形状系数 $d/a=1$，密封料体积为 2；(3)形状系数 $d/a=0.5$，密封料体积为 1

(a)嵌入形状；(b)拉伸变形；(c)压缩变形

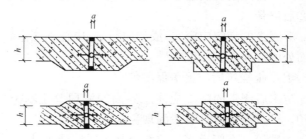

图 2-24　混凝土断面尺寸局部加大

a. 混凝土施工时有误差，做成凹缝可起到修饰作用。

b. 防止在混凝土膨胀时，密封料被挤出混凝土表面。

2. 地下建筑防水工程渗漏水治理

（1）渗漏水治理原则。

①查明渗漏水情况。除去地下工程的表面装饰，清除污物查出渗漏部位，确定渗漏形式、渗漏水量和水压。

②根据渗漏部位、渗漏形式、水量大小以及是否有水压，确定治理方案。

③先排水后治理渗漏水。原则是"堵排结合，因地制宜，刚柔相济，综合治理"。

④渗漏水治理施工时，应按先顶（拱）后墙而后底板的顺序进行，尽量少破坏原有完好的防水层。

⑤科学合理地选材。治理过程中科学选择防水材料，尽量选用无毒、低污染的材料。衬砌内注浆宜选用超细水泥浆液、环氧树脂、聚氨酯等化学浆液。防水抹面材料宜选用掺各种外加剂、防水剂、聚合物乳液的水泥净浆、水泥砂浆、特种水泥砂浆等。防水涂料宜选用水泥基渗透结晶型类、聚氨酯类、硅橡胶类、水泥基类、聚合物水泥类、改性环氧树脂类、丙烯酸酯类、乙烯—醋酸乙烯共聚物类（EVA）等涂料。

⑥对于结构仍在变形、未稳定的渗漏水，需待结构稳定后再行处理。

（2）大面积的渗漏水和漏水点的治理。

①漏水点的查找。漏水量较大或比较明显的部位，可直接观察确定。慢渗或不明显的渗漏水，可将潮湿表面擦干，均匀撒一层干水泥粉，出现湿痕处即为渗水孔眼或缝隙。对于大面积慢渗，可用速凝胶浆在漏水处表面均匀涂一薄层，再撒一层干水泥粉，表面出现湿点或湿线处即为渗漏水位置。

②治理方法。大面积的一般渗漏水和漏水点是指漏水不十

分明显,只有湿迹和少量滴水的渗漏,其治理方法一般是采用速凝材料直接封堵,也可对漏水点注浆堵漏,然后做防水砂浆抹面或涂抹柔性防水材料、水泥基渗透结晶型防水涂料等。当采用涂料防水时防水层表面要采取保护措施。大面积严重渗漏水一般采用综合治理的方法,即刚柔结合多道防线。首先疏通漏水孔洞,引水泄压,在分散低压力渗水基面上涂抹速凝防水材料,然后涂抹刚柔性防水材料,最后封堵引水孔洞,并根据工程结构破坏程度和需要采用贴壁混凝土衬砌加强处理。其处理顺序是:大漏引水→小漏止水→涂抹快凝止水材料→柔性防水→刚性防水→注浆堵水→必要时贴壁混凝土衬砌加强。

(3)孔洞渗漏水治理。

水压和孔洞较小时,可直接采用速凝材料堵塞法治理。方法是将漏点剔凿成直径 10～30mm,深 20～50mm 的小洞,洞壁与基面垂直,用水冲洗干净。洞壁涂混凝土界面剂后,将开始凝固的水泥胶浆塞入洞内(低于基面 10mm),挤压密实,然后在其表面涂刷素水泥浆和砂浆各一层并扫毛,再做水泥砂浆保护层。

当孔洞较大时,可用"大洞变小洞,再堵小洞"的办法治理。方法是:将漏水孔洞剔凿扩大至混凝土密实、孔壁平整并垂直基面,用水冲洗干净,将待凝固的水泥胶浆包裹一根胶管一同填塞入孔洞中,挤压密实,使洞壁处不再漏水,待胶浆有一定强度后将管子抽出,按照堵小洞的办法将管孔堵住,即可将较大的漏水洞堵住。

当水压较大时,可先用木楔塞紧然后再填塞水泥胶浆的方法治理。

(4)裂缝渗漏水的治理。

裂缝渗漏水一般根据漏水量和水压力来采取堵漏措施。水压较小的裂缝渗漏水治理方法是用速凝材料直接堵漏。方法是:沿裂缝剔凿出深度不小于30mm、宽度不小于15mm 的沟槽,用水冲刷干净后,用水泥胶浆等速凝材料填塞,并略低于基面,挤压密实,经检查不再渗漏后,用素浆、砂浆沿沟槽抹平、扫毛,最后用掺外加剂的水泥砂浆做防水层。

对于水压和渗水量都较大的裂缝常采用注浆方法处理。注浆材料有环氧树脂、聚氨酯等,也可采用超细水泥浆液。具体做法如下:

①沿裂缝剔凿成 V 形沟槽,用水冲刷,清理干净。

②布置注浆孔。注浆孔选择在裂缝的低端,漏水旺盛处或裂缝交叉处,间距视注浆材料和注浆压力而定,一般 500～1000mm设一注浆孔,将注浆嘴用速凝材料固定在注浆位置上。

③封闭漏水部位,即将混凝土裂缝表面及注浆嘴周边用速凝材料封闭。

④灌注浆液。确定注浆压力后(注浆压力应大于水压),开动注浆泵,浆液将沿裂缝通道到达裂缝的各处。当浆液注满裂缝并从高处注浆嘴流出时,停止灌浆。

⑤封孔。注浆完毕,经检查无渗漏现象后,剔除注浆嘴,堵塞注浆孔,用防水砂浆做防水面层。

(5)细部构造渗漏水的治理。

①施工缝、变形缝渗漏水处理。一般采用综合治理的措施,即注浆防水与嵌缝和抹面保护相结合,具体做法是将变形缝内的原嵌填材料清除,深度约100mm,施工缝沿缝凿槽,清洗干净,漏水较大部位埋设引水管,把缝内主要漏水引出缝外,对其余较小的渗漏水用快凝材料封堵,然后嵌填密封防水材料,并抹水泥砂浆保护层或压上保护钢板,待这些工序做完后,注浆堵水。

②穿墙管与预埋件的渗水处理。将穿墙管或预埋件四周的

混凝土凿开,找出最大漏水点后,用快凝胶浆或注浆的方法堵水,然后涂刷防水涂料或嵌填密封防水材料,最后用掺外加剂水泥砂浆或聚合物水泥砂浆进行表面保护。

八、屋面防水构造及设防要求

1. 屋面防水等级及设防要求

(1)屋面工程应根据建筑物的性质、重要程度、使用功能要求以及防水层合理使用年限,按不同等级进行设防,并应符合表2-9的要求。

表2-9　　　　　　　　　屋面防水等级和设防要求

项目	屋面防水等级			
	Ⅰ	Ⅱ	Ⅲ	Ⅳ
建筑物类别	特别重要或对防水有特殊要求的建筑	重要的建筑和高层建筑	一般的建筑	非永久性的建筑
防水层合理使用年限	25 年	15 年	10 年	5 年
防水层选用材料	宜选用合成高分子防水卷材、高聚物改性沥青防水卷材、金属板材、合成高分子防水涂料、细石防水混凝土等材料	宜选用高聚物改性沥青防水卷材、合成高分子防水卷材、金属板材、合成高分子防水涂料、高聚物改性沥青防水涂料、细石防水混凝土、平瓦、油毡瓦等材料	宜选用三毡四油沥青防水卷材、高聚物改性沥青防水卷材、合成高分子防水卷材、金属板材、高聚物改性沥青防水涂料、合成高分子防水涂料、细石防水混凝土、平瓦、油毡瓦等材料	可选用二毡三油沥青防水卷材、高聚物改性沥青防水涂料等材料

续表

项目	屋面防水等级			
	Ⅰ	Ⅱ	Ⅲ	Ⅳ
设防要求	三道或三道以上防水设防	两道防水设防	一道防水设防	一道防水设防

注:1. 本规范中采用的沥青均指石油沥青,不包括煤沥青和煤焦油等材料。

　　2. 石油沥青纸胎油毡和沥青复合胎柔性防水卷材,系限制使用材料。

　　3. 在Ⅰ、Ⅱ级屋面防水设防中,如仅作一道金属板材时,应符合有关技术规定。

(2)屋面工程应根据工程特点、地区自然条件等,按照屋面防水等级的设防要求,进行防水构造设计,重要部位应有详图;对屋面保温层的厚度,应通过计算确定。

(3)屋面防水构造。

防水构造以卷材防水屋面、涂膜防水屋面为例。

①卷材防水屋面构造要求。卷材防水屋面的构造层次(自下而上)一般为:结构层、隔汽层、找坡层、保温层、找平层、防水层、保护层等组成,见图 2-25。

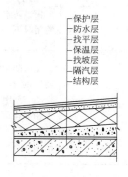

图 2-25　卷材防水屋面构造图

②涂膜防水屋面构造要求。建筑物常见的涂膜防水层的一

般构造见表 2-10,对于易开裂、渗水部位,应留凹槽嵌填密封材料,并增设一层或一层以上带有胎体增强材料的附加层。

表 2-10　　　　　　　　　屋面涂膜防水层的一般构造

编号	适用材料	构造简图	防水层做法及厚度	胎体增强材料
1	沥青基防水涂料	保护层 防水层 找平层 结构层	Ⅲ级防水屋面,单独使用时不小于 8mm;如复合使用时不小于 4mm Ⅳ级防水屋面,单独使用时不小于 4mm	4mm 防水层宜在涂膜中间铺设一层玻纤布;8mm 防水层铺设两层玻纤布
2	高聚物改性沥青防水涂料	保护层 防水层 找平层 结构层	Ⅱ级防水屋面可作为一道防水层,不小于 3mm Ⅲ级防水屋面,单独使用时不小于 3m;复合使用时不小于 1.5mm Ⅳ级防水屋面,单独使用时不小于 3mm	1.5mm 防水层宜铺一层聚酯毡;3mm 防水层宜铺设两层玻纤布或铺设聚酯毡、玻纤布各一层
3	PVC 胶泥(塑料油膏)	同　　上	Ⅲ级防水屋面,单独使用时不小于 6mm;复合使用时,不小于 3mm Ⅳ级防水屋面,单独使用时不小于 3mm	3mm 防水层可不铺设胎体增强材料;6mm 防水层宜铺设一层玻纤布

续表

编号	适用材料	构造简图	防水层做法及厚度	胎体增强材料
4	合成高分子防水涂料	同 上	Ⅰ级防水屋面只能有一道,不小于2mm;Ⅱ级防水屋面可作为一道防水层,不小于2mm;Ⅲ级防水屋面,单独使用时不小于2mm;复合使用时不小于1mm	1.5mm以下防水层可不铺设胎体增强材料;2mm以上防水层宜铺设一层聚酯毡或化纤毡

2. 屋面防水工程施工要求

(1)屋面工程施工前,应做好以下技术准备工作:

①进行图纸会审,复核设计做法是否符合《屋面工程技术规范》(GB 50345—2012)的要求。

②核对各种材料的见证取样、送试、检测是否符合要求。

③编制屋面工程施工方案、技术措施,进行技术交底,必要时应先做试验,经业主(监理)或设计认可后再大面积施工。

(2)屋面工程的防水层应由经资质审查合格的防水专业队伍进行施工。作业人员应持有当地建设行政主管部门颁发的上岗证。

(3)屋面工程所采用的防水、保温隔热材料应有产品合格证书和性能检测报告,材料的品种、规格、性能等应符合现行国家产品标准和设计要求。

(4)当下道工序或相邻工程施工时,对屋面工程已完的部分应采取保护措施。

(5)屋面工程完工后,应按有关规定对细部构造、接缝密封防水、保护层等进行外观检验,并应进行淋水或蓄水检验。

(6)屋面工程中推广应用的新技术、新材料、新工艺,必须经过科技成果鉴定(评估)或新产品、新技术鉴定,并应制定相应的技术标准,经工程实践符合有关安全及功能的检验。

九、卷材防水屋面施工操作

1. 屋面找平层施工

本节内容适用于建筑工程中的屋面找平层施工。

(1)材料准备。

①水泥:采用普通硅酸盐水泥或矿渣硅酸盐水泥,其强度等级不低于 32.5 级。

②砂:宜用中砂,含泥量不大于 5%,不得含有机杂质。

③石子:石子粒径不大于找平层厚度的 2/3。

④粉料:采用滑石粉、粉煤灰、页岩粉等,细度要求为 0.15mm 筛孔筛余量应不大于 5%,0.09mm 筛孔筛余量为 10%～30%。

⑤沥青:道路石油沥青和普通石油沥青,其质量应分别符合《重交通道路石油沥青》(GB/T 15180－2010)和《建筑石油沥青》(GB/T 484－2010)的规定。

(2)机具准备。

①设备:砂浆搅拌机或混凝土搅拌机。

②主要工具:大小平锹、铁板、手推胶轮车、铁抹子、木抹子、水平刮杠、火辊等。

(3)作业条件。

①屋面坡度已根据设计要求放出控制线,并拉线找好规矩(包括天沟、檐沟的坡度),基层清扫干净。

②屋面结构层或保温层已施工完成,并办理隐检验收手续。

③施工无女儿墙屋面时,已做好周边防护架。

(4)施工工艺流程。

①水泥砂浆找平层(图 2-26)。

图 2-26 水泥砂浆找平层施工流程

②沥青砂浆找平层(图 2-27)。

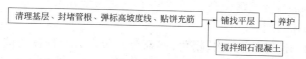

图 2-27 沥青砂浆找平层施工流程

③细石混凝土找平层(图 2-28)。

清理基层、封堵管根、弹标高坡度线、贴饼充筋 → 铺找平层 → 养护

搅拌细石混凝土

图 2-28 细石混凝土找平层施工流程

(5)水泥砂浆找平层施工操作要点。

①清理基层。将结构层、保温层表面松散的水泥浆、灰渣等杂物清理干净。

②封堵管根。在进行大面积找平层施工之前,应先将突出屋面的管根、屋面暖沟墙根部、变形缝、烟囱等处封堵处理好。突出屋面结构(如女儿墙、山墙、天窗壁、变形缝、烟囱等)的交接处和基层的转角处,找平层均应做成圆弧形,圆弧半径应符合表2-11的要求。内部排水的水落口周围,找平层应做成略低的凹坑。

表 2-11　　　　　　　转角处找平层圆弧半径

卷 材 种 类	圆弧半径(mm)
沥青防水卷材	100～150
高聚物改性沥青防水卷材	50
合成高分子防水卷材	20

③弹标高坡度线。根据测量所放的控制线,定点、找坡,然后拉挂屋脊线、分水线、排水坡度线。

④贴饼充筋:根据坡度要求拉线找坡贴灰饼,灰饼间距以1～2m为宜,顺排水方向冲筋,冲筋的间距为1～2m。在排水沟、雨水口处先找出泛水,冲筋后进行找平层抹灰。

⑤铺找平层。找平层施工前,应适当洒水湿润基层表面,以无明水、阴干为宜。如找平层的基层采用加气板块等预制保温层时,应先将板底垫实找平,不易填塞的立缝、边角破损处,宜用同类保温板块的碎块填实填平。

找平层宜设分格缝,并嵌填密封材料。分格缝应留设在屋脊、板端缝处,其纵横缝的最大间距不宜大于 6m。

⑥抹面层、压光。

第一遍抹压:天沟、拐角、根部等处应在大面积抹灰前先做,有坡度要求的必须做好,以满足排水要求。大面积抹灰是在两筋中间铺砂浆(配合比应按设计要求),用抹子摊平,然后用刮杠刮平。用铁抹子轻轻抹压一遍,直到出浆为止。砂浆的稠度应控制在 70mm 左右。

第二遍抹压:当面层砂浆初凝后,走人有脚印但面层不下陷时,用铁抹子进行第二遍抹压,将凹坑、砂眼填实抹平。

第三遍抹压:当面层砂浆终凝前,用铁抹子压光无抹痕时,应用铁抹子进行第三遍压光,此遍应用力抹压,将所有抹纹压平,使面层表面密实光洁。

⑦养护。面层抹压完即进行覆盖并洒水养护,每天洒水不少于 2 次,养护时间一般不少于 7d。

(6)沥青砂浆找平层。

①清理基层、封堵管根、弹标高坡度线、贴饼充筋同水泥砂浆找平层做法。

②配制冷底子油。配合比(质量比)见表 2-12。

表 2-12　　　　　　　　　　　冷底子油配合比参考表

石油沥青(%)	溶剂	
	轻柴油或煤油(%)	汽油(%)
40	60	—
30	—	70

配制方法:将沥青加热熔化,使其脱水不再起泡为止。再将熔好的沥青按配量倒入桶中,待其冷却。如加入快挥发性溶剂,沥青温度一般不超过 110℃,如加入慢挥发性溶剂,温度一般不超过 140℃;达到上述温度后,将沥青成细流状缓慢注入一定配合量的溶剂中,并不停地搅拌,直到沥青加完,溶解均匀为止。

③配制沥青砂浆。先将沥青熔化脱水,同时将中砂和粉料按配合比要求拌合均匀,预热烘干至 120～140℃,然后将熔化的沥青按计量倒入拌合盘上与砂和粉料均匀拌合,并继续加热至要求温度,但不使升温过高,防止沥青碳化变质。沥青砂浆施工的温度要求,见表 2-13。

表 2-13　　　　　　　　　　沥青砂浆施工的温度要求

室外温度(℃)	沥青砂浆温度(℃)		
	拌制	开始碾压时	碾压完毕
+5 以上	140～170	90～100	60
−10～+5	160～180	110～130	40

④刷冷底子油。基层清理干净后,应满涂冷底子油两道,涂刷均匀,作为沥青砂浆找平层的结合层。

⑤铺找平层。冷底子油干燥后,按照坡度控制线铺设沥青砂浆,虚铺砂浆厚度应为压实厚度的 1.3～1.4 倍,分格缝一般

以板的支撑点为界。

砂浆刮平后,用火辊滚压(夏天温度较高时,辊内可不生火)至平整、密实、表面无蜂窝、看不出压痕时为止。

⑥滚筒应保持清洁,表面可刷柴油,根部及边角滚压不到之处,可用烙铁烫平压实,以不出现压痕为好。

⑦施工缝宜留成斜槎,在继续施工时,将接缝处清理干净,并刷热沥青一道,接着铺沥青砂浆,铺后用火辊或烙铁烫平。

分格缝留设的间距一般不大于 4m,缝宽一般为 20mm,如兼作排气屋面的排气道时,可适当加宽,并与保温层连通。分格缝应附加 200～300mm 宽的油毡,并用沥青胶结材料单边粘贴覆盖。

⑧铺完的沥青砂浆找平层如有缺陷,应挖除并清理干净后涂一层热沥青,及时填满沥青砂浆并压实。

(7)细石混凝土找平层。

①清理基层、封堵管根、弹标高坡度线、贴饼充筋同水泥砂浆找平层做法。

②细石混凝土搅拌。细石混凝土的强度等级应按设计要求试配,坍落度为 40～60mm。如设计无要求时,不应小于 C20。

③将搅拌好的细石混凝土铺抹到屋面保温层上,若无保温层时,应在基层涂刷水泥浆结合层,并随刷随铺,凹处用同配合比混凝土填平,然后用滚筒(常用的为直径 200mm、长度为 600mm 的混凝土或铁制滚筒)滚压密实,直到面层出现泌水后,再均匀撒一层 1：1 干拌水泥砂拌合料(砂要过 3mm 筛),再用刮杠刮平。当面层干料吸水后,用木抹子用力搓打、抹平,将干水泥砂拌合料与细石混凝土的浆混合,使面层结合紧密。表面找平、压光同水泥砂浆做法。

　　④基层与突出屋面构筑物的连接处,以及基层转角处的找平层应做成半径为 100～150mm 的圆弧形或钝角。根据卷材种类不同,其圆弧半径应符合表2-3的要求。

　　⑤排水沟找坡应以两排水口距离的中间点为分水线放坡抹平,纵向排水坡度不应小于 1％,最低点应对准排水口。排水口与水落管的落水口连接应平滑、顺畅,不得有积水,并应用柔性防水密封材料嵌填密封。

　　⑥找平层与檐口、排水口、沟脊等相连接的转角,应抹成光滑一致的圆弧形。

　　⑦分隔缝同水泥砂浆找平层做法。

　　⑧养护同水泥砂浆找平层做法。

2. 屋面保温层施工

本节内适用于板状材料或整体现浇(喷)保温层。

(1)材料准备。

聚苯乙烯泡沫塑料类、硬质聚氨酯泡沫塑料类、泡沫玻璃、微孔混凝土类、膨胀蛭石(珍珠岩)制品等,其性能指标应符合现行国家产品标准和设计要求,有出厂合格证。

(2)机具准备。

砂浆搅拌机、井架带卷扬机、塔吊、平板振动器、量斗、水桶、沥青锅、拌合锅、压实工具、大小平锹、铁板、手推胶轮车、木抹子、木杠、水平尺、麻线、滚筒等。

(3)作业条件。

①铺设保温层的屋面基层施工完毕,并经检查办理交接验收手续。屋面上的吊钩及其他露出物应清除,残留的灰浆应铲平,屋面应清理干净。

②有隔汽层的屋面,应先将基层清扫干净,使表面平整、干

燥,不得有酥松、起砂、起皮等情况,并按设计要求铺设隔汽层。

③试验室根据现场材料通过试验提出保温材料的施工配合比。

(4)工艺流程(图2-29)。

| 基层清理 | → | 弹线找坡、分仓 | → | 管根固定 | → | 隔汽层施工 | → | 保温层铺设 |

图2-29　屋面保温层施工工艺流程

(5)清理基层。预制或现浇混凝土基层应平整、干燥和干净。

(6)弹线找坡、分仓。按设计坡度及流水方向,找出屋面坡度走向,确定保温层的厚度范围。保温层设置排汽道时,按设计要求弹出分格线来。

(7)管根固定。穿过屋面和女儿墙等结构的管道根部,应用细石混凝土填塞密实,做好转角处理,将管根部固定。

(8)铺设隔汽层。有隔汽层的屋面,按设计要求选用气密性好的防水卷材或防水涂料作隔汽层,隔汽层应沿墙面向上铺设,并与屋面的防水层相连接,形成封闭的整体。

(9)保温层铺设。

①铺设板状保温层。干铺加气混凝土板、泡沫混凝土板块、蛭石混凝土块或聚苯板块等保温材料,应找平拉线铺设。铺前先将接触面清扫干净,板块应紧密铺设、铺平、垫稳。分层铺设的板块,其上下两层应错开;各层板块间的缝隙,应用同类材料的碎屑填密实,表面应与相邻两板高度一致。一般在块状保温层上用松散湿料做找坡。

保温板缺棱掉角,可用同类材料的碎块嵌补,用同类材料的粉料加适量水泥填嵌缝隙。

板块状保温材料用粘结材料平粘在屋面基层上时,一般用水泥、石灰混合砂浆,并用保温灰浆填实板缝、勾缝,保温灰浆配合比为 1：1：10（水泥：石灰膏：同类保温材料的碎粒，体积比），聚苯板材料应用沥青胶结料粘贴。

粘贴的板状保温材料应贴严贴牢，胶粘剂应与保温材料材性相容。

②铺设整体保温层。沥青膨胀蛭石、沥青膨胀珍珠岩宜用机械搅拌，并应色泽一致，无沥青团；压实程度根据试验确定，其厚度应符合设计要求，表面平整。

硬质聚氨酯泡沫塑料应按配合比准确计量，发泡厚度均匀一致。施工环境气温宜为 15～30℃，风力不宜大于三级，相对湿度宜小于 85%。

整体保温层应分层分段铺设，虚铺厚度应经试验确定，一般为设计厚度的 1.3 倍，经压实后达到设计要求的厚度。

铺设保温层时，由一端向另一端退铺，用平板式振捣器振实或用木抹子拍实，表面抹平，做成粗糙面，以利于与上部找平层结合。

压实后的保温层表面，应及时铺抹找平层并保湿养护不少于 7d。

（10）保温层的构造应符合下列规定：

①保温层设置在防水层上部时宜做保护层，保温层设置在防水层下部时应做找平层。

②水泥膨胀珍珠岩及水泥膨胀蛭石不宜用于整体封闭式保温层；当需要采用时，应做排汽道。排汽道应纵横贯通，并应与大气连通的排气孔相通。排气孔的数量应根据基层的潮湿程度和屋面构造确定，屋面面积每 36m² 宜设置一个。排气孔应做好防水处理。

③当排气孔采用金属管时，其排气管应设置在结构层上，并有牢固的固定措施，穿过保温层及排汽道的管壁应打排气孔。

④屋面坡度较大时,保温层应采取防滑措施。

⑤倒置式屋面保温屋应采取吸水率低且长期浸水不腐烂的保温材料。

3. 卷材防水层施工做法

(1)卷材防水施工方法和适用范围。

卷材防水目前常见的施工类别有热施工工艺、冷施工工艺、机械固定工艺三大类。每一种施工工艺又有若干不同的施工方法,各种不同的施工方法又各有其不同的适用范围。因此,施工时应根据不同的设计要求、材料情况、工程具体做法等选定合适的施工方法。卷材防水的施工方法和适用范围可参考表 2-14。

表 2-14　　　　　卷材防水施工方法和适用范围

工艺类别	名称	做法	适用范围
热施工工艺	热熔法	采用火焰加热器熔化热熔型防水卷材底部的热熔胶进行粘结的方法	有底层热熔胶的高聚物改性沥青防水卷材
	热风焊接法	采用热空气焊枪加热防水卷材搭接缝进行粘结的方法	合成高分子防水卷材搭接缝焊接
冷施工工艺	冷玛碲脂粘贴法	采用工艺配置好的冷用沥青胶结材料,施工时不需加热,直接涂刮后粘贴油毡	石油沥青油毡三毡四油(二毡三油)叠层铺贴
	冷粘法	采用胶粘剂进行卷材与基层、卷材与卷材的粘结,而不需要加热的施工方法	合成高分子防水卷材
	自粘法	采用带有自粘胶的防水卷材,不用热施工,也不需涂刷胶结材料,而直接进行粘结的方法	带有自粘胶的合成高分子防水卷材及高聚物改性沥青防水卷材

工艺类别	名称	做法	适用范围
机械 固定工艺	机械 钉压法	采用镀锌钢钉或铜钉等固定卷材防水层的施工方法	多用于木基层上铺设高聚物改性沥青防水卷材
	压埋法	卷材与基层大部分不粘结,上面采用卵石等压埋,但搭接缝及周边要全粘	用于空铺法、倒置式屋面

（2）卷材防水层的铺贴方法。

卷材防水层的铺贴方法有满粘法、空铺法、点粘法和条粘法四种,其具体做法、优缺点和适用条件如下:

①满粘法。满粘法又叫全粘法,即在铺贴防水卷材时,卷材与基层采用全部粘结的施工方法。

②空铺法。空铺法是指铺贴防水卷材时,卷材与基层仅在四周一定宽度内粘贴,粘结面积不少于 1/3 的施工方法。铺贴时,应在檐口、屋脊和屋面的转角处及突出屋面的连接处,卷材与找平层应满涂玛琋脂粘结,其粘结宽度不得小于 80mm,卷材与卷材的搭接缝应满粘,叠层铺设时,卷材与卷材之间应满粘。

空铺法可使卷材与基层之间互不粘结,减少了基层变形对防水层的影响,有利于解决防水层开裂、起鼓等问题;但是对于叠层铺设的防水层由于减少了一油,降低了防水功能,如一旦渗漏,不容易找到漏点。

空铺法适用于基层湿度过大、找平层的水蒸气难以由排汽道排入大气的屋面,或用于埋压法施工的屋面。在沿海大风地区,应慎用,以防被大风掀起。

③条粘法。条粘法是指铺贴卷材时,卷材与基层采用条状黏结的施工方法。每幅卷材与基层的黏结面不得少于两条,每条宽度不应少于 150mm。每幅卷材与卷材的搭接缝应满粘,当

采用叠层铺贴时,卷材与卷材间应满粘。

这种铺贴方法,由于卷材与基层在一定宽度内不粘结,增大了防水层适应基层变形的能力,有利于解决卷材屋面的开裂、起鼓,但这种铺贴方法,操作比较复杂,且部分地方减少了一油,降低了防水功能。

条粘法适用于采用留槽排汽不能可靠地解决卷材防水层开裂和起鼓的无保温层屋面,或者温差较大,而基层又十分潮湿的排汽屋面。

④点粘法。点粘法是指铺贴防水卷材时,卷材与基层采用点状粘结的施工方法。要求每平方米面积内至少有 5 个粘结点,每点面积不小于 100mm×100mm,卷材与卷材搭接缝应满粘。当第一层采用打孔卷材时,也属于点粘法。防水层周边一定范围内也应与基层满粘牢固。点粘的面积,必要时应根据当地风力大小经计算后确定。

点粘法铺贴,增大了防水层适应基层变形的能力,有利于解决防水层开裂、起鼓等问题,但操作比较复杂,当第一层采用打孔卷材时,施工虽然方便,但仅可用于石油沥青三毡四油叠层铺贴工艺。

点粘法适用于采用留槽排汽不能可靠地解决卷材防水层开裂和起鼓的无保温层屋面,或者温差较大,而基层又十分潮湿的排汽屋面。

(3)卷材施工顺序和铺贴方向。

①施工顺序。卷材铺贴应遵守"先高后低、先远后近"的施工顺序。即高跨低跨屋面,应先铺高跨屋面,后铺低跨屋面;在等高的大面积屋面,应先铺离上料点较远的部位,后铺较近部位。卷材防水大面积铺贴前,应先做好节点处理,附加层及增强层铺设,以及排水集中部位的处理。如节点部位密封材料的嵌

填,分格缝的空铺条以及增强的涂料或卷材层。然后由屋面最低标高处开始,如檐口、天沟部位再向上铺设。尤其在铺设天沟的卷材,宜顺天沟方向铺贴,从水落口处向分水线方向铺贴。

大面积屋面施工时,为了提高工效和加强技术管理,可根据屋面面积的大小、屋面的形状、施工工艺顺序、操作人员的数量、操作熟练程度等因素划分流水施工段,施工段的界线宜设在屋脊、天沟、变形缝等处,然后根据操作要求和运输安排,再确定各施工段的流水施工顺序。

②卷材铺贴方向。屋面防水卷材的铺贴方向应根据屋面坡度和屋面是否受振动来确定,当屋面坡度小于 3％时,卷材宜平行屋脊铺贴;屋面坡度在 3％~15％时,卷材平行或垂直于屋脊铺贴;屋面坡度大于 15％或受振动时,沥青防水卷材应垂直于屋脊铺贴,高聚物改性沥青防水卷材和合成高分子防水卷材可平行或垂直屋脊铺贴,但上下层卷材不得相互垂直铺贴。

(4)卷材搭接宽度要求。

卷材搭接视卷材的材性和粘贴工艺分为长边搭接和短边搭接,搭接宽度要求见表 2-15。

表 2-15　　　　　　　卷材搭接宽度　　　　　　(单位:mm)

卷 材 种 类	铺贴方法	长边搭接		短边搭接	
		满粘法	空铺、点粘、条粘法	满粘法	空铺、点粘、条粘法
沥青防水卷材		100	150	70	100
高聚物改性沥青防水卷材		80	100	80	100
合成高分子防水卷材	胶粘剂	80	100	80	100
	胶粘带	50	60	50	60
	单缝焊	60,有效焊接宽度不小于 25			
	双缝焊	80,有效焊接宽度 10×2+空腔宽			

（5）改性沥青防水卷材施工要点。

改性沥青防水卷材的施工方法有热熔法、冷粘法、冷粘法加热熔法、热沥青粘结法等，目前使用较多的是热熔法和冷粘法施工。

改性沥青防水卷材施工前，对基层的要求与处理方法和沥青基防水卷材一样，主要是检查找平层的质量和基层含水率。改性沥青防水卷材每平方米屋面铺设一层时需卷材 $1.15\sim1.2m^2$。

①热熔法施工。施工时在找平层上先刷一层基层处理剂，用改性沥青防水涂料稀释后涂刷为好，也可以用冷底子油或乳化沥青。找平层表面全部要涂黑，以增强卷材与基层的粘结力。

对于无保温层的装配式屋面，为避免结构变形将卷材拉裂，在板缝或分格缝处 300mm 内，卷材应空铺或点粘，缝的两侧 150mm 不要刷基层处理剂，也可以干铺一层油毡作隔离层。

基层处理剂干燥后，先弹出铺贴基准线，卷材的搭接宽度按表 2-15 执行。

改性沥青卷材屋面防水往往只做一层，所以施工时要特别细心。尤其是节点及复杂部位、卷材与卷材的连接处一定要做好，才能保证不渗漏。大面积铺贴前应先在水落口、管道根部、天沟部位做附加层，附加层可以用卷材剪成合适的形状贴入水落口或管道根部，也可以用改性沥青防水涂料加玻纤布处理这些部位。屋面上的天沟往往因雨较大或排水不畅造成积水，所以天沟是屋面防水中的薄弱处，铺贴在天沟中的卷材接头越少越好，可将整卷卷材顺天沟方向全部满粘，接头粘好后再裁 100mm 宽的卷材把接头加固。

热熔法施工的关键是掌握好烘烤的温度。温度过低，改性沥青没有融化，粘结不牢；温度过高沥青炭化，甚至烧坏胎体或将卷材烧穿。烘烤温度与火焰的大小、火焰和烘烤面的距离、火焰移动的速度以及气温、卷材的品种等诸多因素有关,要在实践中不断总结积累经验。加热程度控制为热熔胶出现黑色光泽(此时沥青的温度在 200～230℃之间)、发亮并有微泡现象,但不能出现大量气泡。

卷材与卷材搭接时要将上下搭接面同时烘烤,粘合后从搭接边缘要有少量连续的沥青挤出来,如果有中断,说明这一部位没有粘好,要用小扁铲挑起来再烘烤直到沥青挤出来为止。边缘挤出的沥青要随时用小抹子压实。对于铝箔复面的防水卷材烘烤到搭接面时,火焰要放小,防止火焰烤到已铺好的卷材上,损坏铝箔,必要时还可用隔板保护。

热熔法铺贴卷材一般以三人为一组为宜:一人负责烘烤,一人向前推贴卷材,一人负责滚压和收边并负责移动液化气瓶。

铺贴时要让卷材在自然状态下展开,不能强拉硬扯。如发现卷材铺偏了,要裁断再铺,不能强行拉正,以免卷材局部受力造成开裂。

热熔卷材的边沿必须做好,对于没有女儿墙的卷材边沿,可按图 2-30 予以处理。

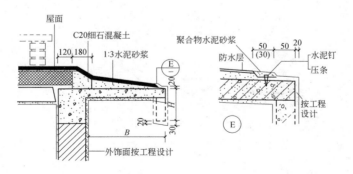

图 2-30　屋面挑檐防水做法(一)

　　有挑檐的屋面可按图 2-31 所示将卷材包到外沿顶部并用水泥钉、压条固定后再粉刷保护层。有女儿墙的屋面应将卷材压入顶留的凹槽内,再用聚合物水泥砂浆固定。如果是混凝土浇筑的女儿墙没有留出凹槽,应将卷材立面粘牢后,再用水泥钉及压条将卷材沿边沿钉牢,卷材边涂上密封膏(图 2-32)。如果卷材立面要做水泥砂浆保护层,应选用带砂粒或页岩片覆面的卷材。

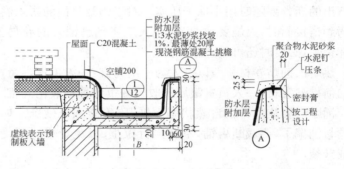

图 2-31　屋面挑檐防水做法(二)

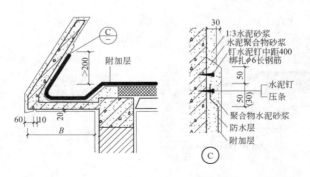

图 2-32　屋面挑檐防水做法(三)

②冷粘法施工。改性沥青防水卷材在不能用火的地方以及卷材厚度小于3mm时,宜用冷粘法施工。

冷粘法施工质量的关键是胶粘剂的质量。胶粘剂材料要求与沥青相容,剥离强度要大于 8N/10mm,耐热度大于 85℃。不能用一般的改性沥青防水涂料作胶粘剂,施工前应先做粘结性能试验。冷粘法施工时对基层要求比热熔法更高,基层如不平整或起砂就粘不牢。

冷粘法施工时,应先将粘合剂稀释后在基层上涂刷一层,干燥后即粘贴卷材,不可隔时过久,以免落上灰尘,影响粘贴效果。粘贴时同样先做附加层和复杂部位,然后再大面积粘贴。涂刷胶粘剂时要按卷材长度边涂边贴。涂好后稍晾一会让溶剂挥发掉一部分,然后将卷材贴上。溶剂过多卷材会起鼓。卷材与卷材粘结时更应让溶剂多挥发一些,边贴边用压辊将卷材下的空气排出来。要贴得平展,不能有皱褶。有时卷材的边沿并不完全平整,粘贴后边沿会部分翘起来,此时可用重物把边沿压住,过一段时间待粘牢后再将重物去掉。

4. 聚乙烯丙纶卷材施工要点

(1)工艺流程(图 2-33)。

$$\boxed{验收基层} \rightarrow \boxed{清扫基层} \rightarrow \boxed{制备聚合物水泥} \rightarrow \boxed{处理复杂部位} \rightarrow \boxed{铺贴复合卷材}$$

$$\rightarrow \boxed{检验复合卷材施工质量} \rightarrow \boxed{保护层施工} \rightarrow \boxed{\begin{array}{c}验收(垫层与保护层均为 C15 细石\\混凝土,随打随抹,保护层厚度 50mm)\end{array}}$$

图 2-33　聚乙烯丙纶卷材施工工艺流程

(2)聚合物水泥的配制。

胶粘剂含量为水泥质量的 2%,即一袋水泥(50kg)配用一袋胶粘剂(1kg),配制时将一袋胶粘剂与 6～10kg 的水泥干混均匀,然后边搅拌边将其加入到 27.5～32.5kg 的水中(相当于

水泥质量的 $55\%\sim65\%$,即 2.5 个外包装箱容积),搅拌均匀后逐渐加入剩余的水泥,边加入水泥边搅拌,搅拌至无凝块、无沉淀、无气泡即可使用。

(3)复杂部位的处理。

复杂部位(阴角、转角、桩头等)的附加层使用 300g/m^2 的聚乙烯丙纶防水卷材按图纸和规范要求单独处理。

(4)卷材的铺贴(400g/m^2)。

①复合卷材粘贴方向按长方向铺贴。铺贴时,先在铺贴部位将复合卷材预放 $3\sim12\text{m}$,找正方向后,在中间处固定,将卷材一端卷至固定处粘贴,这端粘贴完毕后,再将预放的卷材另一端卷回至已粘贴好的位置,连续铺贴直至整副完成。铺贴方法:将水泥胶涂至找平层和卷材对应的表面上,厚约 1.0mm,然后粘贴卷材,同时在卷材上表面用刮板将粘结面排气压实,排出多余部分粘结胶。

②垂直面复合卷材粘贴必须纵向粘贴,自上向下对正,自下向上排气压实,要求基层与卷材同时涂胶,厚度约 1.0mm。

③缝搭接宽度:长边接缝 100mm,短边接缝 120mm。

5. 合成高分子防水卷材冷粘法施工要点

防水卷材冷粘法操作是指采用胶粘剂进行卷材与基层、卷材与卷材的粘结,而不需要加热施工的方法。

合成高分子防水卷材用冷粘法施工,不仅要求找平层干燥,施工过程中还要尽量减少灰尘的影响,所以卷材在有霜有雾时,也要等霜雾消失、找平层干燥后再施工。卷材铺贴时遇雨、雪应停止施工,并及时将已铺贴的卷材周边用胶粘剂封口保护。暑期夜间施工时,当后半夜找平层上有露水时也不能施工。

（1）工艺流程（图2-34）。

清理基层 → 涂刷基层处理剂 → 附加层处理 → 卷材表面涂胶（晾胶）→

基层表面涂胶（晾胶）→ 卷材的粘结 → 排气压实 → 卷材接头粘结（晾胶）→

压实 → 卷材末端收头及封边处理 → 蓄水试验 → 做保护层

图2-34　合成高分子防水卷材冷粘法施工工艺流程

（2）涂刷基层处理剂。施工前将验收合格的基层重新清扫干净，以免影响卷材与基层的粘结。基层处理剂一般是用低黏度聚氨酯涂膜防水材料，用长把滚刷蘸满后均匀涂刷在基层表面，不得见白露底，待胶完全干燥后即可进行下一工序的施工。

（3）复杂部位增强处理。对于阴阳角、水落口、通汽孔的根部等复杂部位，应先用聚氨酯涂膜防水材料或常温自硫化的丁基橡胶胶粘带进行增强处理。

（4）涂刷基层胶粘剂。先将氯丁橡胶系胶粘剂（或其他基层胶粘剂）的铁桶打开，用手持电动搅拌器搅拌均匀，即可涂刷基层胶粘剂。

①在卷材表面上涂刷。先将卷材展开摊铺在平整、干净的基层上（靠近铺贴位置），用长柄滚刷蘸满胶粘剂，均匀涂刷在卷材的背面，不要刷得太薄而露底，也不得涂刷过多而聚胶。还应注意，在搭接缝部位处不得涂刷胶粘剂，此部位留作涂刷接缝胶粘剂用。涂刷胶粘剂后，经静置10～20min，待指触基本不粘手时，即可将卷材用纸筒芯卷好，就可进行铺贴。打卷时，要防止砂粒、尘土等异物混入。应该指出，有些卷材如LYX—603氯化聚乙烯防水卷材，在涂刷胶粘剂后立即可以铺贴。因此，在施工前要认真阅读厂家的产品说明书。

②在基层表面上涂刷。用长柄滚刷蘸满胶粘剂，均匀涂刷在基层处理剂已基本干燥和洁净的表面上。涂刷时要均匀，切忌在一处反复涂刷，以免将底胶"咬起"。涂刷后，经过干燥10～

20min,指触基本不粘手时,即可铺贴卷材。

　　(5)铺贴卷材。操作时,几个人将刷好基层胶粘剂的卷材抬起,翻过来,将一端粘贴在预定部位,然后沿着基准线铺展卷材。铺展时,对卷材不要拉得过紧,而要在合适的状态下,每隔 1m 左右对准基准线粘贴一下,以此顺序对线铺贴卷材。平面与立面相连的卷材,应由下开始向上铺贴,并使卷材紧贴阴面压实。

　　(6)排除空气和滚压。每当铺完一卷卷材后,应立即用松软的长把滚刷从卷材的一端开始朝卷材的横向顺序用力滚压一遍,彻底排除卷材与基层间的空气。排除空气后,卷材平面部位可用外包橡胶的大压辊滚压,使其粘结牢固。滚压时,应从中间向两侧移动,做到排气彻底。如有不能排除的气泡,也不要割破卷材排气,可用注射用的针头,扎入气泡处,排除空气后,用密封胶将针眼封闭,以免影响整体防水效果和美观。

　　(7)卷材接缝粘结。搭接缝是卷材防水工程的薄弱环节,必须精心施工。施工时,首先在搭接部位的上表面,顺边每隔0.5~1m 处涂刷少量接缝胶粘剂,待其基本干燥后,将搭接部位的卷材翻开,先做临时固定。然后将配置好的接缝胶粘剂用油漆刷均匀涂刷在翻开的卷材搭接缝的两个粘结面上,涂胶量一般以 0.4~0.6kg/m² 为宜。干燥 20~30min 指触手感不粘时,即可进行粘贴。粘贴时应从一端开始,一边粘贴一边驱除空气,粘贴后要及时用手持压辊按顺序认真地滚压一遍,接缝处不允许有气泡或皱褶存在。遇到三层重叠的接缝处,必须填充密封膏进行封闭,否则将成为渗水路线。

　　(8)卷材末端收头处理。为了防止卷材末端收头和搭接缝边缘的剥落或渗漏,该部位必须用单组分氯磺化聚乙烯或聚氨酯密封膏封闭严密,并在末端收头处用掺有水泥用量 20% 的108 胶的水泥砂浆进行压缝处理。常见的几种末端收头处理,见图 2-35。

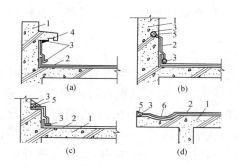

图 2-35　防水卷材末端收头处理

(a)、(b)、(c)屋面与墙面；(d)檐口

1—混凝土或水泥砂浆找平层；2—高分子防水卷材；
3—密封膏嵌填；4—滴水槽；5—108 胶水泥砂浆；6—排水沟

防水层完工后应做蓄水试验，其方法与前述相同。合格后方可按设计要求进行保护层施工。

6.卷材自粘法施工要点

卷材自粘法是采用带有自粘胶的一种防水卷材，不需热加工，也不需涂刷胶粘剂，可直接实现防水卷材与基层粘结的一种操作工艺，实际上是冷粘法操作工艺的发展。由于自粘型卷材的胶粘剂与卷材同时在工厂生产成型，因此质量可靠，施工简便、安全；更因自粘型卷材的粘结层较厚，有一定的徐变能力，适应基层变形的能力增强，且胶粘剂与卷材合二为一，同步老化，延长了使用寿命。

自粘法施工可采用满粘法或条粘法。若采用条粘法时，只需在基层脱离部位上刷一层石灰水，或加铺一层裁剪下来的隔离纸，即可达到隔离的目的。

卷材自粘法施工的操作工艺中,清理基层、涂刷基层处理剂、节点密封等与冷粘法相同。这里仅就卷材铺贴方法作一简单介绍。

(1)滚铺法。

当铺贴大面积卷材时,隔离纸容易撕剥,此时宜采用滚铺法。滚铺法是撕剥隔离纸与铺贴卷材同时进行。施工时不要打开整卷卷材,用一根 $\phi30\times1500$mm 的钢管穿过卷材中间的纸芯筒,然后由两人各持钢管一端,把卷材抬到待铺位置的开始端,并把卷材向前展开 500mm 左右,由一人把开始端的 500mm 卷材拉起来,另一人撕剥开此部分的隔离纸,将其折成条形(或撕断已剥部分的隔离纸),随后由另外两人各持钢管一端,把卷材抬起(不要太高),对准已弹好的粉线轻轻摆铺,同时注意长、短方向的搭接,再用手予以压实。待开始端的卷材固定后,撕剥端部隔离纸的工人把折好的隔离纸拉出(如撕断则重新剥开),卷到已用过的包装纸芯筒上,随即缓缓剥开隔离纸,并向前移动,而抬卷材的两人同时沿基准粉线向前滚铺卷材,见图 2-36。

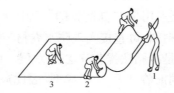

图 2-36　卷材自粘法施工(滚铺法)
1—撕剥隔离纸,并卷到用过的包装纸芯筒上;
2—滚铺卷材;3—排气滚压

每铺完一幅卷材,即可用长柄滚刷从开始端起彻底排除卷材下面的空气。排完空气后,再用大压辊将卷材压实平整,确保粘结牢固。

（2）抬铺法。

当铺贴部位较复杂，如天沟、泛水、阴阳角或有突出物的基面时，或由于屋面面积较小以及隔离纸不易撕剥（如温度过高、储存保管不好等）时就可采用抬铺法施工。

抬铺法是先将要铺贴的卷材剪好，反铺于屋面平面上，待剥去全部隔离纸后，再铺贴卷材。首先应根据屋面形状考虑卷材搭接长度来剪裁卷材，其次要认真撕剥隔离纸。撕剥时，已剥开的隔离纸宜与粘结面保持 $45°\sim60°$ 的锐角，防止拉断隔离纸。另外，剥开的隔离纸要放在合适的地方，防止被风吹到已剥去隔离纸的卷材胶结面上。剥完隔离纸后，使卷材的粘结胶面朝外，把卷材沿长向对折。对折后，分别由两人从卷材的两端配合翻转卷材，翻转时，要一手拎住半幅卷材，另一手缓缓铺放另半幅卷材。在整个铺放过程中，各操作工人要用力均匀，配合默契。待卷材铺贴完成后，应与滚铺法一样，从中间向两边缘处排出空气后，再用压辊滚压，使其粘结牢固。

（3）搭接缝粘贴。

自粘型卷材上表面有一层防粘层（聚乙烯薄膜或其他材料），在铺贴卷材前，应将相邻卷材待搭接部位的上表面防粘层先熔化掉，使搭接缝能粘结牢固。操作时用手持汽油喷灯沿搭接粉线熔烧搭接部位的防粘层。卷材搭接应在大面卷材排出空气并压实后进行。

粘结搭接缝时，应掀开搭接部位的卷材，用扁头热风枪加热搭接卷材底面的胶粘剂，并逐渐前移。另一人紧随其后，把加热后的搭接部位卷材马上用棉纱团从里向外予以排气，并抹压平整。最后一人则用手持压辊滚压搭接部位，使搭接缝密实。加热时应注意控制好加热程度，其标准是经过压实后，在搭接边的末端有胶粘剂稍稍外溢为度。

搭接缝粘贴密实后,所有搭接缝均应用密封材料封边,宽度不少于 10mm,其涂封量可参照材料说明书的有关规定。三层重叠部位的处理方法与卷材冷粘法操作相同。

7. 卷材热风焊接法施工要点

热风焊接法是采用热空气焊枪进行合成高分子防水卷材搭接粘合的一种操作工艺。

目前 PVC 防水卷材的铺贴是采用空铺法,另加点式机械固定或点粘、条粘,细部构造则采用胶粘。

(1)施工用的主要机具。

卷材热风焊接法施工应准备的主要机具有热风焊接机、热风塑料焊枪和小压辊、冲击钻、钩针、油刷、刮板、胶桶、小铁锤等。

(2)操作要点。

基层要求详见卷材防水屋面构造中的有关内容。

①细部构造。按屋面规范要求施工,附加层的卷材必须与基层粘结牢固。特殊部位如水落口、排气口、上人孔等均可提前预制成型或在现场制作,然后安装粘结牢固。

②大面铺贴卷材。将卷材垂直于屋脊方向由上至下铺贴平整,搭接部位要求尺寸准确,并应排除卷材下面的空气,不得有皱褶现象。采用空铺法铺贴卷材时,在大面积上(每 $1m^2$ 有 5 个点采用胶粘剂与基层固定,每点胶粘面积约 $400cm^2$)以及檐口、屋脊和屋面的转角处及突出屋面的连接处(宽度不小于 800mm)均应用胶粘剂,将卷材与基层固定。

③搭接缝焊接。卷材长短边搭接缝宽度均为 50mm,可采用单道式或双道式焊接,见图2-37。焊接前应先将复合无纺布清

除，必要时还需用溶剂擦洗；焊接时，焊枪喷出的温度应使卷材热熔后，小压辊能压出熔浆为准，为了保证焊接后卷材表面平整，应先焊长边搭接缝，后焊短边搭接缝。

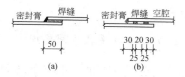

图 2-37　卷材搭接缝焊接方法
(a)单道缝；(b)双道缝

④焊缝检查。如采用双道焊缝，可用 5 号注射针与压力表相接，将钩针扎于两个焊缝的中间，再用打气筒进行充气。当压力表达到 0.15MPa 时应停止充气，如保持压力时间不少于1min，则说明焊接良好；如压力下降，说明有未焊好的地方。这时可用肥皂水涂在焊缝上，若有气泡出现，则应在该处重新用焊枪或电烙铁补焊，直到检查不漏气为止。另外，每工作班、每台热压焊接机均应取一处试样检查，以便改进操作。

⑤机械固定。如不采用胶粘剂固定卷材，则应采用机械固定法。机械固定需沿卷材之间的焊缝进行，间隔 600～900mm 用冲击钻将卷材与基层钻眼，埋入 $\phi60$mm 的塑料膨胀塞，加垫片用自攻螺钉固定，然后在固定点上用 $\phi100～\phi150$mm 卷材焊接，并将该点密封。也可将上述固定点放在下层卷材的焊缝边，再在上层与下层卷材焊接时将固定点包焊在内部。

⑥卷材收头。卷材全部铺贴完毕经试水合格后，收头部位可用铝条(2.5mm×25mm)加钉固定，并用密封膏封闭。如有留槽部位，也可将卷材弯入槽内，加钉固定后，再用密封膏封闭，最后用水泥砂浆抹平封死。

十、涂膜防水屋面施工操作

涂膜防水屋面找平层、保温层做法，详见"卷材防水屋面施工操作"相应内容。

1. 涂膜防水层施工方法及适用范围

涂膜防水层的施工方法和各种施工方法的适用范围见表2-16。

表 2-16　　　　　　　　涂膜防水层施工方法和适用范围

施工方法	具体做法	适用范围
抹压法	涂料用刮板刮平后，待其表面收水而尚未结膜时，再用铁抹子压实抹光	用于流平性差的沥青基厚质防水涂膜施工
涂刷法	用鬃刷、长柄刷、圆滚刷蘸防水涂料进行涂刷	用于涂刷立面防水层和节点部位细部处理
涂刮法	用胶皮刮板涂布防水涂料，先将防水涂料倒在基层上，用刮板来回涂刮，使其厚薄均匀	用于黏度较大的高聚物改性沥青防水涂料和合成高分子防水涂料在大面积上的施工
机械喷涂法	将防水涂料倒入设备内，通过喷枪将防水涂料均匀喷出	用于黏度较小的高聚物改性沥青防水涂料和合成高分子防水涂料的大面积施工

2. 施工准备

(1)材料准备。

高聚物改性沥青防水涂料、合成高分子防水涂料、聚合物水泥防水涂料、胎体增强材料、改性石油沥青密封材料、合成高分子密封材料等。

（2）机具准备。

①主要设备。电动搅拌机、高压吹风机、称量器、灭火器等。

②主要工具。拌料桶、小油漆桶、塑料或橡胶刮板、长柄滚刷、铁抹子、小平铲、扫帚、墩布、剪刀、卷尺等。

（3）作业条件。

①主体结构必须经有关部门正式检查验收合格后，方可进行屋面防水工程施工。

②装配式钢筋混凝土板的板缝处理以及保温层、找平层均已完工，含水率符合要求。

③屋面的安全措施如围护栏杆、安全网等消防设施均齐全，经检查符合要求，劳保用品能满足施工操作。

④组织防水施工队的技术人员，熟悉图纸，掌握和了解设计意图，解决疑难问题；确定关键性技术难关的施工程序和施工方法。

⑤施工机具齐全，运输工具、提升设施安装试运转正常。

⑥现场的贮料仓库及堆放场地符合要求，设施完善。

⑦施工环境气温：溶剂型涂料宜为 $-5 \sim 35 \text{℃}$；乳胶型涂料宜为 $5 \sim 35 \text{℃}$；反应型涂料宜为 $5 \sim 35 \text{℃}$；聚合物水泥涂料宜为 $5 \sim 35 \text{℃}$；严禁在雨天和雪天施工，五级风及其以上不得施工。

3. 施工操作要点

（1）工艺流程（图 2-38）。

| 基层清理 | → | 涂刷基层处理剂 | → | 铺设有胎体增强材料的附加层 | → |

| 涂刷防水层 | → | 铺设保护层 |

图 2-38　涂膜防水层施工工艺流程

（2）基层清理。基层验收合格，表面尘土、杂物清理干净并应干燥。

（3）涂刷基层处理剂。待基层清理洁净后，即可满涂一道基层处理剂，可用刷子用力薄涂，使基层处理剂进入毛细孔和微缝中，也可用机械喷涂。涂刷均匀一致，不漏底。基层处理剂常用涂膜防水材料稀释后使用，其配合比应根据不同防水材料按产品说明书的要求配置，溶剂型涂料可用溶剂稀释，乳液型涂料可用软水稀释。

（4）铺设有胎体增强材料的附加层。按设计和防水细部构造要求，在天沟、檐沟与屋面交接处、女儿墙、变形缝两侧墙体根部等易开裂的部位，铺设一层或多层带有胎体增强材料的附加层。

（5）涂膜防水层必须由两层以上涂层组成，每涂层应刷两遍到三遍，达到分层施工，多道薄涂。其总厚度必须达到设计要求。

（6）双组分涂料必须按产品说明书规定的配合比准确计量，搅拌均匀，已配成的双组分涂料必须在规定的时间内用完。配料时允许加入适量的稀释剂、缓凝剂或促凝剂来调节固化时间，但不得混入已固化的涂料。

（7）由于防水涂料品种多，成分复杂，为准确控制每道涂层厚度、干燥时间、粘结性能等，在施工前均应经试验确定。

（8）涂刷防水层顺序。

①涂布顺序：当遇有高低跨屋面时，一般先涂布高跨屋面，后涂布低跨屋面；在相同高度大面积屋面上施工，应合理划分施工段，分段尽量安排在变形缝处，在每一段中应先涂布较远的部位，后涂布较近的屋面；先涂布立面，后涂布平面；先涂布排水比较集中的水落口、天沟、檐口，再往上涂屋脊、天窗等。

②纯涂层涂布一般应由屋面标高最低处顺脊方向施工，并

根据设计厚度,分层分遍涂布,待先涂的涂层干燥成膜后,方可涂布后一道涂布层。

(9)涂刷操作要点。

①用鬃刷蘸胶先涂立面,要求多道薄涂,均匀一致、表面平整,不得有流淌堆积现象,待第一遍涂层干燥成膜后,再涂第二遍,直至达到规定的厚度。

②待立面涂层干燥后,应从水落口、天沟、檐口部位开始,屋面大面积涂布施工时,可用毛刷、长柄鬃刷、胶皮刮板刮刷涂布,每一层宜分两遍涂刷,每遍的厚度应按试验确定的 $1m^2$ 涂料用量控制。施工时应从檐口向屋脊部位边涂边退,涂膜厚度应均匀一致,表面平整,不起泡,无针孔。当第一遍涂膜干燥后,经专人检查合格,清扫干净后,可涂刷第二遍。施工时,应与第一遍涂料涂刷方向相互垂直,以提高防水层的整体性与均匀性,并注意每遍涂层之间的接槎。在每遍涂刷时,应退槎 50~100mm,接槎时也应超过 50~100mm,避免搭接处产生渗漏。其余各涂层均按上述施工方法,直达到设计规定的厚度。

(10)夹铺胎体增强材料的施工方法。

①湿铺法。由于防水涂料品种较多,施工方法各异,具体施工方法应根据设计构造层次、材料品种、产品说明书的要求组织施工。现仅以二布六涂为例,即底涂分两遍完成,在涂第二遍涂料时趁湿铺贴胎体材料;加筋涂层也分两遍完成,在涂布第四遍涂料时趁湿铺贴胎体材料;面涂层涂刷两遍,共六遍成活,也就是通常所说的二布六涂(胶),其湿铺法操作要点如下:

a.基层及附加层按设计及标准施工完毕,并经检查验收合格。

b.根据设计要求,在整个屋面上涂刷第一遍涂料。

c. 在第一遍涂料干燥后,即可从天沟、檐口开始,分条涂刷第二遍涂料,每条宽度应与胎体材料宽度一致,一般应弹线控制,在涂刷第二遍涂料后,趁湿随即铺贴第一层胎体增强材料,铺时先将一端粘牢,然后将胎体材料展开平铺或紧随涂布涂料的后面向前方推滚铺贴,并将胎体材料两边每隔 1m 左右用剪刀剪一长 30mm 的小口,以利铺贴平整。铺贴时不得用力拉伸,否则成膜后产生较大收缩,易于脱开、错动、翘边或拉裂;但过松也会产生皱褶,胎体材料铺胎后,立即用滚动刷由中部向两边来回依次向前滚压平整,排除空气,并使防水涂料渗出胎体表面,使其贴牢,不得有起皱和粘贴不牢的现象,凡有起皱现象应剪开贴平。如发现表面露白或空鼓,说明涂料不足,应在表面补刷,使其渗透胎体与底基粘牢,胎体增强材料的搭接应符合设计及标准的要求。

d. 待第二遍涂料干燥并经检查合格,即可按涂刷第一遍涂料的要求,对整个屋面涂刷第三遍涂料。

e. 待第三遍涂料干燥后,即可按涂刷第二遍涂料的方法,涂刷第四遍涂料,铺贴第二层胎体增强材料。

f. 按上述方法依次涂刷面层第五遍、第六遍涂料。

②干铺法。涂膜中夹铺胎体增强材料也可采用干铺法。操作时仅第二遍、第四遍涂料干燥后,干铺胎体增强材料,再分别涂刷第三遍和第五遍涂料,并使涂料渗透胎体增强材料,与底层涂料牢固结合,其他各涂层施工与湿铺法相同。

③空铺法。涂膜防水屋面,还可采用空铺法,为提高涂膜防水层适应基层变形的能力或作排汽屋面时,可在基层上涂刷两道浓石灰浆作隔离剂,也可直接在胎体上涂刷防水涂料进行空铺,但在天沟、节点及屋面周边 800mm 内应与基层粘牢,其他各涂层的施工与涂膜的湿(干)铺方法相同。

（11）保护层施工。

①粉片状撒物保护层施工要求。当采用云母、蛭石、细砂等松散材料作保护层时，应筛去粉料；在涂布最后一遍涂料时，随即趁湿撒上覆盖材料，应撒布均匀（可用扫帚轻扫均匀），不得露底，轻拍或滚压粘牢，干燥后清除余料；撒布时应注意风向，不得撒到未涂面层涂料的部位，以免造成污染或产生隔离层，而影响质量。

②浅色涂料保护层，应在面层涂料完全干燥、验收合格、清扫洁净后及时涂布。施工时，操作人员应站在上风向，从檐口或端头开始依次后退进行涂刷或喷涂，施工要求与涂膜防水相同。

③水泥砂浆、细石混凝土、板块保护层，均应待涂膜防水层完全干燥后，经淋（蓄）水试验，确保无渗漏后方可施工。

十一、金属板材屋面施工操作

本节内容适用于防水等级为Ⅰ～Ⅲ级的屋面。

1. 施工准备

（1）材料准备。

①金属板材的种类很多，有锌板、镀铝锌板、铝合金板、铝镁合金板、钛合金板、铜板、不锈钢板、金属压型夹心板等，厚度一般为 0.4～1：5mm，板的表面一般进行涂装处理。

②金属板材连接件。

③密封材料。

（2）机具准备

①机械设备。拉铆机、手提式点焊机、手推式辊压机、手推式切割机、不锈钢片成型机、冲击钻。

②主要工具。卷尺、粉线袋、木锤、铁锤、鸭嘴钳、大力钳、木梯、防滑带、安全带。

2. 施工操作要点

(1)工艺流程(图 2-39)。

檩条安装 → 天沟、檐沟制作安装 → 金属板材吊装 → 金属板材安装
→ 檐口、泛水处理

图 2-39　金属板材屋面施工工艺流程

(2)檩条施工。

①檩条的规格和间距应根据结构计算确定,每块屋面板端除应设置檩条支承外,中间还应设置一根或一根以上檩条。

②根据设计要求将檩条安装在屋架或山墙预埋件上,檩条的上表面必须与屋面坡度一致,每一坡面上的檩条必须在同一(斜)平面上,固定牢固、坡度准确一致。

(3)天沟、檐沟制作安装。

天沟、檐沟一般采用金属板制作,其断面应符合设计要求。金属天沟板应伸入屋面金属板材下不小于 100mm;当有檐沟时,屋面金属板材应伸入檐沟内,其长度不应小于 50mm。天沟、檐沟的安装坡度应符合设计要求。

(4)金属板材吊装。

金属板材应采用专用吊具,吊装时,吊点距离不宜大于 5m,吊装时不得损伤金属板材。

(5)金属板材安装。

①金属板材应根据板型和设计的配板图铺设。铺设时应先在檩条上安装固定支架,板材和支架的连接应按所采用板材的质量要求确定。安装前应预先钻好压型钢板四角的定位孔(与檩条口的固定支架对应)。

②金属板材应采用带防水垫圈的镀锌螺栓（螺钉）固定，固定点应设在波峰上。所有外露的螺栓（螺钉），均应涂抹密封材料保护。

③铺设金属板材屋面时，相邻两块板应顺年最大频率风向搭接；上下两排板的搭接长度，应根据板型和屋面坡长确定，并应符合板型的要求，搭接部位用密封材料封严；对接拼缝与外露钉帽应做密封处理。

④金属板材屋面搭接及挑出尺寸应符合表 2-17 的规定。

表 2-17　　　　　　　　金属板材屋面搭接及挑出尺寸要求

项次	项目	搭盖尺寸（mm）	检验方法
1	金属板材的横向搭接	不小于 1 个波	用尺量检查
2	金属板材的纵向搭接	≥200	
3	金属板材挑出墙面的长度	≥200	
4	金属板材伸入檐沟内的长度	≥150	
5	金属板材与泛水的搭接宽度	≥200	

（6）檐口、泛水处理。

①金属板材屋面檐口应用异型金属板材的堵头封檐板；山墙应用异型金属板材的包角板和固定支架封严。

②金属板材屋面脊部应用金属屋脊盖板，并在屋面板端头设置泛水挡水板和泛水堵头板。

③每块泛水板的长度不宜大于 2m，泛水板的安装应顺直；泛水板与金属板材的搭接宽度，应符合不同板型的要求。

十二、隔热屋面施工操作

这里所说的隔热屋面是指架空屋面、蓄水屋面、种植屋面三种。

1. 架空屋面施工要点

架空屋面是在屋面防水层上架设隔热板,隔热板距屋面高度一般在 10～30cm,其间空气可以流通,从而有效地降低楼房顶层的室内温度。

隔热板一般用混凝土预制,其强度等级不应小于 C20,板内应放钢丝网片,板的尺寸应均匀一致,上表面应抹光。缺角少边的隔热板不得使用。

架空屋面施工时最主要的是保护好已完工的防水层。运输及堆放隔热板时要轻拿轻放。运输车不可装得太多,以免压坏防水层,铁撑角要套上橡胶套以免戳破防水层。

施工时先将屋面清扫干净,根据架空板的尺寸,弹出支座中心线。支座一般用 120mm×120mm 的砖,1∶0.5∶1.0 的水泥石灰膏砂浆或 M5 水泥砂浆砌筑,高度按设计要求,支座下面要垫上小块的油毡以保护防水层。

铺设架空板时,应将灰浆刮平。最上一层砖要坐上灰浆,将架空板架稳铺平,随时清扫落在防水层上的砂浆、杂物等,以保证架空隔热层气流畅通。

架空板缝宜用水泥砂浆嵌填,并按设计要求留变形缝。架空屋面不得作为上人屋面使用。

2. 蓄水屋面施工要点

蓄水屋面有较好的保温隔热效果,蓄水屋面施工时要注意以下几个问题:

(1)蓄水屋面上所有的孔洞都应预留,不得后凿。所设置的给水管、排水管和溢水管等应在防水层施工前安装完毕,管子周围应用 C25 以上的细石混凝土捣实。

（2）每个蓄水区的防水混凝土应一次浇筑完毕，不得留施工缝；立面与平面的防水层应同时做好。

（3）蓄水屋面的坡度一般为 0.5%，蓄水深度除按设计另有要求外，一般最浅处为 100～150mm。

（4）蓄水屋面可采用卷材防水、涂膜防水，也可用刚性防水，卷材和涂膜防水层上应做水泥砂浆保护层，以利于清洗屋面。涂膜不宜用水乳型防水涂料。

（5）蓄水屋面的刚性防水层完工后应及时蓄水养护。蓄水后不得长时间断水。

（6）冬季结冰的地区不宜做蓄水屋面。

3. 种植屋面施工要点

种植屋面的构造见图 2-40，其中防水层最少做两道，其中上面一道为合成高分子卷材，下面一道可做卷材也可以做涂膜，如果做涂膜防水，不宜使用水乳型防水涂料，上下两道防水层之间应满粘，使其成为一个整体防水层。下层防水如果用涂膜，伸缩缝部位要加 300mm 宽的隔离条。如果用卷材，可采用条粘。在防水层的上面铺一层较厚的塑料薄膜（≥0.2mm）作为隔离层和防生根层，塑料薄膜上面可根据设计用 1:2.5 水泥砂浆或 C20 的细石混凝土作保护层。

保护层完工后，应做蓄水试验，无渗漏即可进行种植部位的施工。屋面上如要安装藤架、坐椅以及上水管、照明管线等，应在防水施工前完成，对这些部位应按前述的规定作加强处理，防水层的高度要做到铺设种植土的部位上面 100mm 处。其他烟囱口、排汽道等部位也同样处理。

在保护层上面即可按设计要求砌筑种植土挡墙，挡墙下部 150mm 内应留有孔洞，以保证下层种植土中水可以自由流动，遇暴雨时多余的雨水也可以排出(图 2-41)。

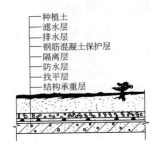

图 2-40 种植屋面构造示意图

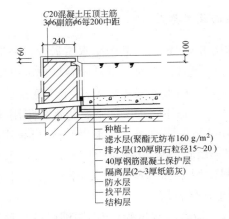

图 2-41 种植屋面挡土墙排水孔

种植屋面的排水层可用卵石或轻质陶粒。滤水层用 120～140g/m² 的聚酯无纺布。

种植屋面应设浇灌系统,较小的屋面可将水管引上屋顶,人工浇灌,较大的屋面宜设微喷灌设备,有条件时,可设自动喷灌系统。不宜用滴灌,因无法观察下层种植土的含水量,不便于掌握灌水量。

喷灌系统的水管宜用铝塑管,不宜用镀锌管,后者易锈蚀。屋面种植荷花或养鱼时,要装设进水控制阀及溢水孔,以维持正常的水位。

十三、建筑屋面防水工程应注意的质量问题

1.卷材防水屋面工程常见质量问题与防治

卷材防水屋面常见质量问题有开裂、鼓泡、流淌、渗漏、破损、积水、防水层剥离等,其原因分析与防治方法见表 2-18。

表 2-18　　　　　卷材防水屋面常见质量问题与防治方法

项次	项目	原因分析	防治方法
A	屋面开裂	产生规则横向裂缝主要是由于温差变形,使屋面结构层产生胀缩,引起板端角部变形造成的。这种裂缝多数发生在延伸率较低的沥青防水卷材中	(1)在应力集中、基层变形较大的部位(如屋面板拼缝处等),先干铺一层卷材条作为缓冲层,使卷材能适应基层伸缩的变化 (2)在重要工程上,宜选用延伸率较大的高聚物改性沥青卷材或合成高分子防水卷材 (3)选用合格的卷材,腐朽、变质者应剔除不用
		产生不规则裂缝主要是由水泥砂浆找平层不规则开裂造成的;此时找平层的裂缝,与卷材开裂的位置与大小相对应;另外,如找平层分格缝位置不当或处理不好,也会产生卷材无规则裂缝	(1)确保找平层的配比计量、搅拌、振捣或辊压、抹光与养护等工序的质量,而洒水养护的时间不宜少于 7d,并视水泥品种而定 (2)找平层宜留分格缝,缝宽一般为 20mm,缝口设在预制板的拼缝处。当采用水泥砂浆或细石混凝土料时,分格缝间距不宜大于 6m;采用沥青砂浆材料时,不宜大于 4m (3)卷材铺贴与找平层的相隔时间宜控制在 7~10d 以上

项次	项目	原因分析	防治方法
A	屋面开裂	外露单层的合成高分子防水卷材屋面中,如基层比较潮湿,且采用满粘法铺贴工艺或胶粘剂剥离强度过高时,在卷材搭接缝处也易产生断续裂缝	(1)卷材铺贴时,基层应达到平整、清洁、干燥的质量要求。如基层干燥有困难时,宜采用排气屋面技术措施。另外,与合成高分子防水卷材配套的胶粘剂的剥离强度不宜过高 (2)卷材搭接缝宽度应符合屋面规范要求。卷材铺贴后,不得有粘结不牢或翘边等缺陷
B	卷材鼓泡(起鼓)	在卷材防水层中粘结不实的部位,窝有水分,当其受到太阳照射或人工热源影响后,内部体积膨胀,造成起鼓,形成大小不等的鼓泡。卷材起鼓一般在施工后不久产生,鼓泡由小到大逐渐发展,小的直径约数十毫米,大的可达200~300mm。鼓泡内呈蜂窝状,内部有冷凝水珠	(1)找平层应平整、清洁、干燥,基层处理剂应涂刷均匀,这是防止卷材起鼓的主要技术措施 (2)原材料在运输和贮存过程中,应避免水分侵入,尤其要防止卷材受潮。卷材铺贴应先高后低,先远后近,分区段流水施工,并注意掌握天气预报,连续作业,一气呵成 (3)不得在雨天、大雾、大风天施工,防止基层受潮 (4)当屋面基层干燥有困难,而又急需铺贴卷材时,可采用排汽屋面做法;但在外露单层的防水卷材中,则不宜采用
		在卷材防水层施工中,由于铺贴时压实不紧,残留的空气未全部赶出而形成鼓泡	(1)沥青防水卷材施工前,应先将卷材表面清刷干净;铺贴卷材时,玛琦脂应涂刷均匀,并认真做好压实工作,以增强卷材与基层、卷材与卷材层之间的粘结力 (2)高聚物改性沥青防水卷材施工时,火焰加热要均匀、充分、适度;在铺贴时要趁热向前推滚,并用压辊滚压,排除卷材下面的残留空气
		合成高分子防水卷材施工时,胶粘剂未充分干燥就急于铺贴卷材,由于溶剂残留在卷材内部,当其挥发时就可形成鼓泡	合成高分子防水卷材采用冷粘法铺贴时,涂刷胶粘剂应做到均匀一致,待胶粘剂手感(指触)不粘结时,才能铺贴并压实卷材。特别要防止胶粘剂堆积过厚,干燥不足而造成卷材的起鼓

续表

项次	项目	原因分析	防治方法
C	屋面流淌	多数发生在沥青防水卷材屋面上,主要原因是沥青玛琦脂耐热度偏低。此时严重流淌的屋面,卷材大多折皱成团,垂直面卷材拉开脱空,卷材横向搭接有严重错动	(1)沥青玛琦脂的耐热度必须经过严格检验,其标号应按规范选用。垂直面用的耐热度还应提高 5～10 号 (2)对于重要屋面防水工程,宜选用耐热性能较好的高聚物改性沥青防水卷材或合成高分子防水卷材 (3)在沥青卷材防水屋面上,还可增加刚性保护层
		卷材屋面施工时,沥青玛琦脂铺贴过厚	每层沥青玛琦脂厚度必须控制在 1～1.5mm,确保卷材粘结牢固,长短边搭接宽度应符合规范要求
		屋面坡度大于 15% 或屋面受振动时,沥青防水卷材错误采用平行屋脊方向铺贴;或采用垂直屋脊方向铺贴卷材,在半坡进行短边搭接	(1)根据屋面坡度和有关条件,选择与卷材品种相适应的铺设方向,以及合理的卷材搭接方法 (2)垂直面上,在铺贴完沥青防水卷材后,可铺筑细石混凝土作保护层,这对立铺卷材的流淌和滑坡有一定的阻止作用
D	山墙、女儿墙推裂与渗漏	结构层与女儿墙、山墙间未留空隙或嵌填松软材料,屋面结构在高温季节曝晒时,屋面结构膨胀产生推力,致使女儿墙、山墙出现横向裂缝,并使女儿墙、山墙向外位移,从而出现渗漏	屋面结构层与女儿墙、山墙间应留出大于20mm的空隙,并用低强度等级砂浆填塞找平
		刚性防水层、刚性保护层、架空隔热板与女儿墙、山墙间未留空隙,受温度变形推裂女儿墙、山墙,并导致渗漏	刚性防水层与女儿墙、山墙间应留温度分格缝;刚性保护层和架空隔热板应距女儿墙、山墙至少 50mm,或嵌填松散材料、密封材料
		女儿墙、山墙的压顶如采用水泥砂浆抹面,由于温差和干缩变形,使压顶出现横向开裂,有时往往贯通,从而引起渗漏	为避免开裂,水泥砂浆找平层水灰比要小,并宜掺微膨胀剂;同时卷材收头可直接铺压在女儿墙的压顶下,而压顶应做防水处理

续表

项次	项目	原因分析	防治方法
E	天沟漏水	天沟纵向找坡太小（如小于 5‰），甚至有倒坡现象（雨水斗高于天沟面）；天沟堵塞，排水不畅	天沟应按设计要求拉线找坡，纵向坡度不得小于 5‰，在水落口周围直径 500mm 范围内不应小于 5%，并应用防水涂料或密封材料涂封，其厚度不应小于 2mm。水落口杯与基层接触处应留 20×20mm 凹槽，嵌填密封材料
		水落口杯（短管）没有紧贴基层	水落口杯应比天沟周围低 20mm，安放时应紧贴于基层上，便于上部做附加防水层
		水落口四周卷材粘贴不密实，密封不严，或附加防水层标准太低	水落口杯与基层接触部位，除用密封材料封严外，还应按设计要求增加涂膜道数或卷材附加层数。施工后应及时加设雨水罩予以保护，防止建筑垃圾及树叶等杂物堵塞
F	檐口檐头	檐口泛水处卷材与基层粘结不牢；檐口处收头密封不严	（1）铺贴泛水处的卷材应采取满粘法工艺，确保卷材与基层粘结牢固。如基层潮湿又急需施工时，则宜用"喷火法"进行烘烤，及时将基层中多余潮气排除 （2）檐口处卷材密封固定的方法有两种：一种为砖砌女儿墙，卷材收头可直接铺压在女儿墙的压顶下，压顶应做防水处理；也可在砖墙上留凹槽，卷材收头压入槽内固定密封，凹槽距基层最低高度不应小于 250mm，同时凹槽的上部也应做防水处理；另一种是混凝土女儿墙，此时卷材收头可用金属压条钉压，并用密封材料封固
G	卷材破损	基层清扫不干净，残留砂粒或小石子	卷材防水层施工前应进行多次清扫，铺贴卷材前还应检查是否有残存砂、石粒屑，遇五级以上大风应停止施工，防止脚手架上或上一层建筑物上刮下的灰砂
		施工人员穿硬底鞋或带铁钉的鞋子	施工人员必须穿软底鞋，无关人员不准在铺好的防水层上任意行走踩踏
		在防水层上做保护层时，运输小车（手推车）直接将砂浆或混凝土材料倾倒在防水层上	在防水层上做保护层时，运输材料的手推车必须包裹柔软的橡胶或麻布；在倾倒砂浆或混凝土材料时，其运输通道上必须铺设垫板，以防损坏卷材防水层
		架空隔热板屋面施工时，直接在防水层上砌筑砖墩，沥青防水卷材在高温时变形被上部重量压破	在沥青卷材防水层铺砌砖墩时，应在砖墩下加垫一方块卷材，并均匀铺砌砖墩，安装隔热板

续表

项次	项目	原因分析	防治方法
H	屋面积水	屋面找坡不准,形成注坑,水落口标高过高,雨水在天沟中无法排除	防水层施工前,对找平层坡度应作为主要项目进行检查,遇有低注或坡度不足时,应经修补后,才可继续施工
		大挑檐及中天沟反梁过水孔标高过高或过低,孔径过小,易堵塞造成长期积水	水落口标高必须考虑天沟排水坡度高差,周围加大的坡度尺寸由防水层施工后的厚度因素,施工时须经测量后确定,反梁过水孔标高亦应考虑排水坡度的高度,逐个实测确定
		雨水口管径过小,水落口排水不畅造成堵塞	设计时应根据年最大雨量计算确定雨水口数量与管径,且排水距离不宜太长。同时应加强维修管理,经常清理垃圾及杂物,避免雨水口堵塞
I	防水层剥离	找平层有起皮、起砂现象,施工前有灰尘和潮气	严格控制找平层表面质量,施工前应进行多次清扫,如有潮气和水分,宜用"喷火法"进行烘烤
		热玛蹄脂或自粘型卷材施工温度低,造成粘结不牢	适应提高热玛瑞脂的加热温度。对于自粘型卷材,可在施工前对基层适当烘烤,以利于卷材与基层的粘结
		在屋面转角处,因卷材拉伸过紧,或因材料收缩,使防水层与基层剥离	在大坡面和立面施工时,卷材一定要采取满粘法工艺,必要时还可采取压条钉压固定;另外在铺贴卷材时,要注意用手持辊筒滚压,尤其在立面和交界处更应注意,否则极易造成渗漏

2. 涂膜防水屋面工程常见质量问题与防治

涂膜防水屋面常见质量问题有屋面渗漏,粘结不牢,防水层出现裂纹、脱皮、流淌、鼓泡等,保护层材料脱落以及防水层破损等,其原因分析与防治措施见表 2-19。

表 2-19　　　　　涂膜防水屋面常见质量问题与防治方法

项次	项目	原因分析	防治方法
A	屋面渗漏	屋面积水,屋面排水系统不畅	主要是设计问题。屋面应有合理的分水和排水措施,所有檐口、檐沟、天沟、水落口等应有一定排水坡度,并切实做到封口严密,排水通畅
		设计涂层厚度不足,防水层结构不合理	应按屋面规范中防水等级选择涂料品种与防水层厚度,以及相适应的屋面构造与涂层结构

续表

项次	项目	原因分析	防治方法
A	屋面渗漏	屋面基层结构变形较大,地基不均匀沉降引起防水层开裂	除提高屋面结构整体刚度外,在保温层上必须设置细石混凝土(配筋)刚性找平层,并宜与卷材防水层复合使用,形成多道防线
		节点构造部位封固不严,有开缝、翘边现象	主要是施工原因。坚持涂嵌结合,并在操作中务必使基面清洁、干燥,涂刷仔细,密封严实,防止脱落
		施工涂膜厚度不足,有露胎体、皱皮等情况	防水涂料应分层、分次涂布,胎体增强材料铺设时不宜拉伸过紧,但也不得过松,能使上下涂层粘结牢固为度
		防水涂料含固量不足,有关物理性能达不到质量要求	在防水层施工前必须抽样检查,复验合格后才可施工
		双组分涂料施工时,配合比与计量不正确	严格按厂家提供的配合比施工,并应充分搅拌,搅拌后的涂料应及时用完
B	粘结不牢	基层表面不平整、不清洁,有起皮、起灰等现象	(1)基层不平整如造成积水时,宜用涂料拌合水泥砂浆进行修补 (2)凡有起皮、起灰等缺陷时,要及时用钢丝刷清除,并修补完好 (3)防水层施工前,应及时将基层表面清扫,并洗刷干净
		施工时基层过分潮湿	(1)应通过简易试验确定基层是否干燥,并选择晴朗天气进行施工 (2)可选择潮湿界面处理剂、基层处理剂等方法改善涂料与基层的粘结性能
		涂料结膜不良	(1)涂料变质或超过保管期限 (2)涂料主剂及含固量不足 (3)涂料搅拌不均匀,有颗粒、杂质残留在涂层中 (4)底层涂料未实干时,就进行后续涂层施工,使底层中水分或溶剂不能及时挥发,而双组分涂料则未能充分固化形成不了完整防水膜
		涂料成膜厚度不足	应按设计厚度和规定的材料用量分层、分遍涂刷
		防水涂料施工时突遇大雨	掌握天气预报,并备置防雨设施
		突击施工,工序之间无必要的间歇时间	根据涂层厚度与当地气候条件,试验确定合理的工序间歇时间

续表

项次	项目	原因分析	防治方法
C	涂膜出现裂缝、脱皮、流淌、鼓泡、露胎体、皱褶等缺陷	基层刚度不足,抗变形能力差,找平层开裂	(1)在保温层上必须设置细石混凝土(配筋)刚性找平层 (2)提高屋面结构整体刚度,如在装配式板缝内确保灌缝密实,同时在找平层内应按规定留设温度分格缝 (3)找平层裂缝如大于 0.3mm 时,可先用密封材料嵌填密实,再用 10～20mm 宽的聚酯毡作隔离条,最后涂刮 2mm 厚涂料附加层 (4)找平层裂缝如小于 0.3mm 时,也可按上述方法进行处理,但涂料附加层厚度为 1mm
		涂料施工时温度过高,或一次涂刷过厚,或在前遍涂料未实干前即涂刷后续涂料	(1)涂料应分层、分遍进行施工,并按事先试验的材料用量与间隔时间进行涂布 (2)若夏天气温在 30℃以上时,应尽量避开炎热的中午施工,最好安排在早晚(尤其是上半夜)温度较低的时刻操作
		基层表面有砂粒、杂物,涂料中有沉淀物质	涂料施工前应将基层表面清除干净,沥青基涂料中如有沉淀物(沥青颗粒),可用 32 目铁丝网过滤
		基层表面未充分干燥,或在湿度较大的气候下操作	可选择晴朗天气下操作,或可选用潮湿界面处理剂、基层处理剂等材料,抑制涂膜中鼓泡的形成
		基层表面不平,涂膜厚度不足,胎体增强材料铺贴不平整	(1)基层表面局部不平,可用涂料掺入水泥砂浆中先行修补平整,待干燥后即可施工 (2)铺贴胎体增强材料时,要边倒涂料,边推铺、边压实平整。铺贴最后一层胎体增强材料后,面层至少应再涂刷两遍涂料 (3)铺贴胎体增强材料时,应铺贴平整,松紧有度。同时在铺贴时,应先将布幅两边每隔 1.5～2.0m 间距各剪一个 15mm 的小口
		涂膜流淌主要发生在耐热性较差的厚质涂料中	进场前应对原材料抽检复查,不符合质量要求的坚决不用,沥青基厚质涂料及塑料油膏更应注意此类问题

续表

项次	项目	原因分析	防治方法
D	保护材料脱落	保护层材料(如蛭石粉、云母片或细砂等)未经滚压,与涂料粘结不牢	(1)保护层材料颗粒不宜过粗,使用前应筛去杂质、泥块,必要时还应冲洗和烘干 (2)在涂刷面层涂料时,应随刷随撒保护材料,然后用表面包胶皮的铁辊轻轻碾压,使材料嵌入面层涂料中
E	防水层破损	涂膜防水层较薄,在施工时若保护不好,容易遭到破损	(1)坚持按程序施工,待屋面上其他工程全部完工后,再施工涂膜防水层 (2)当找平层强度不足或者有酥松、塌陷等现象时,应及时返工 (3)防水层施工后一周以内,严禁上人

十四、楼层地面防水工程施工

1. 适用范围和构造要求

(1)隔离层适用于有水、油渗或非腐蚀性和腐蚀性液体经常浸湿(或作用),为防止楼层地面出现渗漏而在面层下铺设的构造层。

(2)隔离层也适用于有地下水和潮气渗透的底层地面下铺设的构造层。仅有空气洁净要求或对湿度有控制要求时,底层地面亦应铺设防潮隔离层,而仅为防止地下潮气透过底层地面时,可铺设防潮层。

(3)隔离层应采用防水类卷材、防水类涂料或掺防水剂的水泥类材料(砂浆、混凝土)等铺设而成。隔离层的构造做法见图2-42。

(4)隔离层所采用的材料及其铺设层数(或厚度)。当采用掺有防水剂的水泥类找平层作为隔离层时,其防水剂掺量和强度等级(或配合比),应符合设计要求。

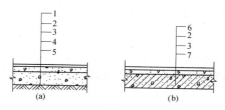

图 2-42　隔离层的构造简图

(a)地面工程；(b)楼面工程

1—防潮隔离层(或防潮层)；2—基层处理剂；3—水泥类找平层；4—水泥
类垫层；5—基土；6—隔离层(防水类卷材或涂料)；7—楼层结构层

(5)厕浴间和有防水要求的建筑地面必须设置防水隔离层。楼层结构必须采用现浇混凝土或整块预制混凝土板，混凝土强度等级不应低于 C20；楼板四周除门洞外，应做混凝土翻边，其高度不应小于 120mm。施工时结构层标高和预留孔洞位置应准确，严禁乱凿洞。

(6)铺设防水隔离层时，在管道穿过楼板面的四周，防水材料应向上铺涂，并超过套管的上口；在靠近墙面处，应高出面层 200～300mm 或按设计要求的高度铺涂。阴阳角和管道穿过楼板面的根部应增加铺涂附加防水隔离层。

(7)防水材料铺设后，必须蓄水检验。蓄水深度应为 20～30mm，24h 内无渗漏为合格，并做记录。

2. 施工准备

(1)材料准备。

①沥青：应采用石油沥青，其质量应符合《建筑石油沥青》(GB/T 494—2010)的规定。

②防水类卷材：采用沥青防水卷材、高聚物改性沥青和合成高分子防水卷材应符合现行产品标准的要求。其质量应按《屋

面工程质量验收规范》(GB 50207—2012)中材料要求的规定执行。

③防水类涂料:其质量应符合现行产品标准。采用沥青基防水涂料、高聚物改性沥青防水涂料和合成高分子防水涂料,其质量应按《屋面工程质量验收规范》(GB 50207—2012)中材料要求的规定执行。

④防水剂:掺用的防水剂质量应符合《混凝土外加剂》(GB 8076—2008)的规定。

⑤隔离层的材料,应有出厂合格证及检测报告,进场经复试合格后方可使用。

(2)机具准备。

①工具:搅拌器、汽油喷灯或专用火焰喷枪、手持压辊、剪刀、小平铲、扫帚、刷子、容器、橡胶刮板等。

②计量检测用具:水准仪、台秤、靠尺、坡度尺、塞尺、钢尺、配料桶等。

③安全防护用品:口罩、手套、护目镜、鞋罩等。

(3)作业条件。

①对进场的材料按规定取样复试,合格后方可使用。

②在水泥类找平层上铺设沥青类防水卷材、防水涂料或以水泥类材料作为防水隔离层时,其表面应坚固、平整、洁净、干燥,含水率不大于9%。穿过楼层的管道根部和阴阳角处用水泥砂浆抹成圆弧。

③做好控制铺、涂高度和厚度的标高抄测。

④水泥类基层的抗压强度不得小于1.2MPa。穿过楼面的立管已做完,管洞四周用豆石混凝土堵塞密实。有地漏的房间,地漏标高应满足地面设计坡度的要求。

3. 楼层地面防水施工方法

（1）工艺流程（图 2-43）

基层处理 → 刷基层处理剂 → 铺设隔离层材料 → 蓄水试验

图 2-43　楼层地面防水施工工艺流程

（2）基层处理。在铺设隔离层前，对基层表面应进行处理。其表面要求平整、洁净和干燥，并不得有空鼓、裂缝和起砂等现象。

（3）刷基层处理剂。基层处理剂采用与卷材性能配套的材料或采用同类涂料的底子油。喷涂沥青冷底子油，要均匀不露底，小面积亦可用胶皮板或油刷，人工均匀涂刷，厚度以 0.5mm 为宜，不得有麻点。

（4）隔离层材料有防水类涂料、防水类卷材、沥青胶结料和防水剂等。铺设前应先做好连接处节点、附加层的处理。穿过楼层的管道四周、根部、阴阳角处应增加防水附加层的层数或遍数。防水材料均应向上铺涂超过套管的上口。墙角处防水类材料应向上铺涂，并应高出面层 200～300mm，或按设计要求的高度铺涂。

（5）铺涂防水类涂料。采用喷涂或涂刮分层分遍进行。喷涂（涂刮）时，应厚薄均匀一致、表面平整，每层每遍的施工方向宜相互垂直，并需待先涂布的涂层干燥成膜后，方可涂布后一遍涂料。涂膜厚度宜为 1.5～2.0mm。

（6）铺设防水类卷材。

①热做法。用沥青胶结料铺设时，应展平压实，挤出的沥青胶结料要趁热刮去。已铺贴好的卷材面不得有皱褶、空鼓、翘边和封口不严等缺陷。卷材的搭接长度，长边不小于 100mm，短边不小于 150mm。搭接接缝处必须用沥青胶结料封严。

②冷做法。铺贴卷材时,用长把滚刷蘸胶粘剂均匀涂在卷材表面和基层上(卷材长、短边接头部位留出 100mm 宽不刷胶),要厚薄均匀,不露底、不凝胶。在胶粘剂晾至手触不粘时即可铺贴,用胶辊向前及两侧滚压,排出空气,展平贴实。

铺贴一部分后,由专人用接缝胶将长边、短边粘结牢固。

大面积防水卷材铺贴完后,所有卷材接缝及收头用密封膏封严。

(7)铺设沥青胶结材料。

隔离层采用的沥青胶结料(沥青或沥青玛琋脂),其标号的选用及技术性能应符合设计要求。

①沥青玛琋脂采用同类沥青与纤维、粉状或纤维和粉状混合的填充料配制,以增强沥青的抗老化性能,并改善其耐热度、柔韧性和粘结力。

②沥青胶结材料采用涂刷的方法分层进行,一般涂刷两层。先涂立面,再涂平面,由内向外涂刷。第一层凝固不粘手后,即可进行第二遍涂刷,每层厚度宜为 1.5～2mm。不得漏刮、起泡。

③在沥青胶结料隔离层上铺设水泥类面层或结合层时,为提高胶结性能,应涂刷同类的沥青胶结料,其厚度宜为 1.5～2.0mm。涂刷沥青胶结料时的温度不应低于 160℃,并应随即将经预热至 50～60℃ 的粒径为 2.5～5.0mm 的绿豆砂均匀撒入沥青胶结料内,要求压入 1.0～1.5mm 深度,对表面过多的绿豆砂应在胶结料冷却后扫去。绿豆砂应采用清洁、干燥的砾砂或浅色人工砂粒,必要时在使用前进行筛洗和晒干。

(8)当采取以水泥砂浆或水泥混凝土找平层作为建筑地面防水隔离层时,应在水泥砂浆或水泥混凝土中掺防水剂(掺量由试验确定)做成水泥类刚性防水层。

（9）蓄水试验。有防水要求的建筑地面隔离层铺设完后,应做蓄水检验。最高处蓄水深度宜为 20mm,24h 内无渗漏为合格,并应做好记录后,方可进行下道工序施工。

4. 楼层地面防水工程质量问题与防治

楼层地面防水工程质量问题主要有地面汇水倒坡、墙面返潮和地面渗漏、地漏周围渗漏、立管四周渗漏等。

（1）地面汇水倒坡。

原因分析:地漏偏高,集水汇水性差,表面层不平有积水,坡度不顺或排水不通畅或倒流水。

防治方法:

①地面坡度要求距排水点最远距离处控制在 2%,且不大于 30mm,坡向准确。

②严格控制地漏标高,且应低于地面表面 5mm。

③厕浴间地面应比走廊及其他室内地面低 20～30mm。

④地漏处的汇水口应呈喇叭口形,集水汇水性好,确保排水通畅。严禁地面有倒坡和积水现象。

（2）墙面返潮和地面渗漏。

原因分析:

①墙面防水层设计高度偏低,地面与墙面转角处成直角状。

②地漏、墙角、管道、门口等处结合不严密,造成渗漏。

③砌筑墙面的黏土砖含碱性和酸性物质。

防治方法:

①墙面上设有水器具时,其防水高度一般为 1500mm;淋浴处墙面防水高度应大于 1800mm。

②墙体根部与地面的转角处,其找平层应做成钝角。

③预留洞口、孔洞、埋设的预埋件位置必须准确、可靠。地

漏、洞口、预埋件周边必须设有防渗漏的附加防水层措施。

④防水层施工时,应保持基层干净、干燥,确保涂膜防水层与基层粘结牢固。

⑤进场黏土砖应进行抽样检查,如发现有类似问题时,其墙面宜增加防潮措施。

(3)地漏周围渗漏。

原因分析:

①承口杯与基体及排水管接口结合不严密,防水处理过于简陋,密封不严。

②坐便器安装胀栓将防水层打穿。

防治方法:

①安装地漏时,应严格控制标高,宁可稍低于地面,也决不可超高。

②要以地漏为中心,向四周辐射找好坡度,坡向准确,确保地面排水迅速、通畅。

③安装地漏时,先将承口杯牢固地粘结在承重结构上,再将浸涂好防水涂料的胎体增强材料铺贴于承口杯内,随后仔细地再涂刷一遍防水涂料,然后再插口压紧,最后在其四周,再满涂防水涂料1～2遍,待涂膜干燥后,把漏勺放入承轴口内。

④管口连接固定前,应先进行测量,复核地漏标高及位置正确后,方可对口连接、密封固定。

⑤安装坐便器时,应控制好胀栓的深度。

(4)立管四周渗漏。

原因分析:

①穿楼板的立管和套管未设止水环。

②立管或套管的周边采用普通水泥砂浆堵孔,套管和立管之间的环隙未填塞防水密封材料。

③套管和地面相平,导致立管四周渗漏。

防治方法:

①穿楼板的立管应按规定预埋套管,并在套管的埋深处设置止水环。

②套管、立管的周边应用微膨胀细石混凝土堵塞严密;套管和立管的环隙应用密封材料堵塞严密。

③套管高度应比设计地面高出 80mm;套管周边应做同高度的细石混凝土防水护墩。

第3部分 防水工岗位安全常识

一、防水工施工安全基本知识

1. 防水工安全操作基本规程

（1）材料存放于专人负责的库房，严禁烟火并挂有醒目的警告标志和防火措施。

（2）施工现场和配料场地应通风良好，操作人员应穿软底鞋、工作服、扎紧袖口，并应配戴手套及鞋盖。涂刷处理剂和胶粘剂时，必须戴防毒口罩和防护眼镜。外露皮肤应涂擦防护膏。操作时严禁用手直接揉擦皮肤。

（3）患有皮肤病、眼病、刺激过敏者，不得参加防水作业。施工过程中出现恶心、头晕、过敏等症状，应停止作业。

（4）用热玛蹄脂粘铺卷材时，浇油和铺毡人员，应保持一定距离，浇油时，檐口下方不得有人行走或停留。

（5）使用液化气喷枪及汽油喷灯，点火时，火嘴不准对人。汽油喷灯加油不得过满，打气不能过足。

（6）装卸溶剂（如苯、汽油等）的容器，必须配软垫，不准猛推猛撞。使用容器后，其容器盖必须及时盖严。

（7）高处作业屋面周围边沿和预留孔洞，必须按"洞口、临边"防护规定进行安全防护。

（8）防水卷材采用热熔粘结，使用明火（如喷灯）操作时，应申请办理用火证，并设专人看火。配有灭火器材，周围 30m 以内不准有易燃物。

(9)雨、雪、霜天应待屋面干燥后施工。六级以上大风应停止室外作业。

(10)下班清洗工具。未用完的溶剂,必须装入容器,并将盖盖严。

2. 熬油作业安全操作规程

(1)熬油炉灶必须距建筑物 10m 以上,上方不得有电线,地下 5m 内不得有电缆,炉灶应设在建筑物的下风方向。

(2)炉灶附近严禁放置易燃、易爆物品,并应配备锅盖或铁板、灭火器、砂袋等消防器材。

(3)加入锅内的沥青不得超过锅容量的 3/4。

(4)熬油的作业人员应严守岗位,注意沥青温度变化,随着沥青温度变化,应慢火升温。沥青熬制到由白烟转黄烟到红烟时,应立即停火。着火,应用锅盖或铁板覆盖。地面着火,应用灭火器、干砂等扑灭,严禁浇水。

(5)配制、贮存、涂刷冷底子油的地点严禁烟火,并不得在 30m 以内进行电焊、气焊等明火作业。

3. 热沥青运送安全操作规程

(1)装运油的桶壶,应用铁皮咬口制成,严禁用锡焊桶壶,并应设桶壶盖。

(2)运输设备及工具,必须牢固可靠,竖直提升,平台的周边应有防护栏杆,提升时应拉牵引绳,防止油桶摇晃,吊运时油桶下方 10m 半径范围内严禁站人。

(3)不允许两人抬送沥青,桶内装油不得超过桶高的 2/3。

(4)在坡度较大的屋面运油,应穿防滑鞋,设置防滑梯,清扫屋面上的砂粒等。油桶下设桶垫,必须放置平稳。

二、现场施工安全操作基本规定

1. 杜绝"三违"现象

员工遵章守纪,是实现安全生产的基础。员工在生产过程中,不仅要有熟练的技术,而且必须自觉遵守各项操作规程和劳动纪律,远离"三违",即违章指挥、违章操作、违反劳动纪律。

(1)违章指挥。企业负责人和有关管理人员法制观念淡薄,缺乏安全知识,思想上存有侥幸心理,对国家、集体的财产和人民群众的生命安全不负责任。明知不符合安全生产有关条件,仍指挥作业人员冒险作业。

(2)违章作业。作业人员没有安全生产常识,不懂安全生产规章制度和操作规程,或者在知道基本安全知识的情况下,在作业过程中,违反安全生产规章制度和操作规程,不顾国家、集体的财产和他人、自己的生命安全,擅自作业,冒险蛮干。

(3)违反劳动纪律。上班时不知道劳动纪律,或者不遵守劳动纪律,违反劳动纪律进行冒险作业,造成不安全因素。

2. 牢记"三宝"和"四口、五临边"

(1)"三宝"指安全帽、安全带、安全网。安全帽、安全带、安全网是工人的三件宝,只有正确佩戴和使用,才可以保证个人安全。

(2)"四口"指楼梯口、电梯井口、预留洞口、通道口。"五临边"是指尚未安装栏杆的阳台周边、无外架防护的层面周边、框架工程楼层周边、上下跑道及斜道的两侧边、卸料平台的侧边。

"四口、五临边"是施工现场最危险和最容易发生事故的地方,因此对施工现场重要危险部位进行正确的防护,可以有效地减少事故发生,为工人作业提供一个安全的环境。

3. 做到"三不伤害"

"三不伤害"是指不伤害自己、不伤害他人、不被他人伤害。

施工现场每一个操作人员和管理人员都要增强自我保护意识,同时也要对安全生产自觉负起监督的责任,才能达到全员安全的目的。

施工时经常有上下层或者不同工种、不同队伍互相交叉作业的情况,要避免这时候发生危险。相互间协调好,上层作业时,要对作业区域围蔽,有人值守,防止人员进入作业区下方。此外落物伤人,也是工地经常发生的事故之一,进入施工现场,一定要戴好安全帽。作业过程中,观察周围,不伤害他人,也不被他人伤害,这是工地安全的基本原则。自己不违章,只能保证不伤害自己,不伤害别人。要做到不被别人伤害,就要及时制止他人违章。制止他人违章既保护了自己,也保护了他人。

4. 加强"三懂三会"能力

"三懂三会"即懂得本岗位和部门有什么火灾危险性,懂得灭火知识,懂得预防措施;会报火警,会使用灭火器材,会处理初起火灾。

5. 掌握"十项安全技术措施"

(1)按规定使用安全"三宝"。

(2)机械设备防护装置一定要齐全有效。

(3)塔吊等起重设备必须有限位保险装置,不准带病运转,不准超负荷作业,不准在运转中维修保养。

(4)架设电线线路必须符合当地电业局的规定,电气设备必须全部接零接地。

(5)电动机械和手持电动工具要设置漏电保护器。

(6)脚手架材料及脚手架的搭设必须符合规程要求。

(7)各种缆风绳及其设置必须符合规程要求。

(8)在建工程的楼梯口、电梯口、预留洞口、通道口,必须有防护设施。

(9)严禁赤脚或穿高跟鞋、拖鞋进入施工现场,高空作业不准穿硬底和带钉易滑的鞋靴。

(10)施工现场的悬崖、陡坎等危险地区应设警戒标志,夜间要设红灯示警。

6. 施工现场行走或上下的“十不准”

(1)不准从正在起吊、运吊中的物件下通过。

(2)不准从高处往下跳或奔跑作业。

(3)不准在没有防护的外墙和外壁板等建筑物上行走。

(4)不准站在小推车等不稳定的物体上操作。

(5)不得攀登起重臂、绳索、脚手架、井字架、龙门架和随同运料的吊盘及吊装物上下。

(6)不准进入挂有“禁止出入”或设有危险警示标志的区域、场所。

(7)不准在重要的运输通道或上下行走通道上逗留。

(8)未经允许不准私自进入非本单位作业区域或管理区域,尤其是存有易燃、易爆物品的场所。

(9)严禁在无照明设施、无足够采光条件的区域、场所内行走、逗留。

(10)不准无关人员进入施工现场。

7. 做到"十不盲目操作"

做到"十不盲目操作",是防止违章和事故的基本操作要求。

(1)新工人未经三级安全教育,复工换岗人员未经安全岗位教育,不盲目操作。

(2)特殊工种人员、机械操作工未经专门安全培训,无有效安全上岗操作证,不盲目操作。

(3)施工环境和作业对象情况不清,施工前无安全措施或作业安全交底不清,不盲目操作。

(4)新技术、新工艺、新设备、新材料、新岗位无安全措施,未进行安全培训教育、交底,不盲目操作。

(5)安全帽和作业所必需的个人防护用品不落实,不盲目操作。

(6)脚手、吊篮、塔吊、井字架、龙门架、外用电梯、起重机械、电焊机、钢筋机械、木工平刨、圆盘锯、搅拌机、打桩机等设施设备和现浇混凝土模板支撑、搭设安装后,未经验收合格,不盲目操作。

(7)作业场所安全防护措施不落实,安全隐患不排除,威胁人身和国家财产安全时,不盲目操作。

(8)凡上级或管理干部违章指挥,有冒险作业情况时,不盲目操作。

(9)高处作业、带电作业、禁火区作业、易燃易爆作业、爆破性作业、有中毒或窒息危险的作业和科研实验等其他危险作业的,均应由上级指派,并经安全交底;未经指派批准、未经安全交底和无安全防护措施,不盲目操作。

(10)隐患未排除,有自己伤害自己、自己伤害他人、自己被他人伤害的不安全因素存在时,不盲目操作。

8."防止坠落和物体打击"的十项安全要求

(1)高处作业人员必须着装整齐,严禁穿硬塑料底等易滑鞋、高跟鞋,工具应随手放入工具袋中。

(2)高处作业人员严禁相互打闹,以免失足发生坠落事故。

(3)在进行攀登作业时,攀登用具结构必须牢固可靠,使用必须正确。

(4)各类手持机具使用前应检查,确保安全牢靠。洞口临边作业应防止物件坠落。

(5)施工人员应从规定的通道上下,不得攀爬脚手架、跨越阳台,不得在非规定通道进行攀登、行走。

(6)进行悬空作业时,应有牢靠的立足点并正确系挂安全带;现场应视具体情况配置防护栏网、栏杆或其他安全设施。

(7)高处作业时,所有物料应该堆放平稳,不可放置在临边或洞口附近,且不可妨碍通行。

(8)高处拆除作业时,对拆卸下的物料、建筑垃圾都要加以清理和及时运走,不得在走道上任意乱置或向下丢弃,保持作业走道畅通。

(9)高处作业时,不准往下或向上乱抛材料和工具等物件。

(10)各施工作业场所内,凡有坠落可能的任何物料,都应先行撤除或加以固定,拆卸作业要在设有禁区、有人监护的条件下进行。

9.防止机械伤害的"一禁、二必须、三定、四不准"

(1)一禁。不懂电器和机械的人员严禁使用和摆弄机电设备。

(2)二必须。

①机电设备应完好,必须有可靠有效的安全防护装置。

②机电设备停电、停工休息时必须拉闸关机,按要求上锁。

(3)三定。

①机电设备应做到定人操作,定人保养、检查。

②机电设备应做到定机管理、定期保养。

③机电设备应做到定岗位和岗位职责。

(4)四不准。

①机电设备不准带病运转。

②机电设备不准超负荷运转。

③机电设备不准在运转时维修保养。

④机电设备运行时,操作人员不准将头、手、身伸入运转的机械行程范围内。

10."防止车辆伤害"的十项安全要求

(1)未经劳动、公安交通部门培训合格的持证人员,不熟悉车辆性能者不得驾驶车辆。

(2)应坚持做好例保工作,车辆制动器、喇叭、转向系统、灯光等影响安全的部件如作用不良,不准出车。

(3)严禁翻斗车、自卸车的车厢乘人,严禁人货混装,车辆载货应不超载、超高、超宽,捆扎应牢固可靠,应防止车内物体失稳跌落伤人。

(4)乘坐车辆应坐在安全处,头、手、身不得露出车厢外,要避免车辆启动制动时跌倒。

(5)车辆进出施工现场,在场内掉头、倒车,在狭窄场地行驶时应有专人指挥。

(6)现场行车进场要减速,并做到"四慢",即道路情况不明要慢,线路不良要慢,起步、会车、停车要慢,在狭路、桥梁弯路、坡路、叉道、行人拥挤地点及出入大门时要慢。

（7）临近机动车道的作业区和脚手架等设施以及道路中的路障,应加设安全色标、安全标志和防护措施,并要确保夜间有充足的照明。

（8）装卸车作业时,若车辆停在坡道上,应在车轮两侧用楔形木块加以固定。

（9）人员在场内机动车道应避免右侧行走,并做到不平排结队有碍交通;避让车辆时,应不避让于两车交会之中,不站于旁有堆物无法退让的死角。

（10）机动车辆不得牵引无制动装置的车辆,牵引物体时物体上不得有人,人不得进入正在牵引的物与车之间,坡道上牵引时,车和被牵引物下方不得有人作业和停留。

11. "防止触电伤害"的十项安全操作要求

根据安全用电"装得安全、拆得彻底、用得正确、修得及时"的基本要求,为防止触电伤害的操作要求有:

（1）非电工严禁拆接电气线路、插头、插座、电气设备、电灯等。

（2）使用电气设备前必须检查线路、插头、插座、漏电保护装置是否完好。

（3）电气线路或机具发生故障时,应找电工处理,非电工不得自行修理或排除故障。

（4）使用振捣器等手持电动机械和其他电动机械从事湿作业时,要由电工接好电源,安装上漏电保护器,操作者必须穿戴好绝缘鞋、绝缘手套后再进行作业。

（5）搬迁或移动电气设备必须先切断电源。

（6）搬运钢筋、钢管及其他金属物时,严禁触碰到电线。

（7）禁止在电线上挂晒物料。

(8)禁止使用照明器烘烤、取暖,禁止擅自使用电炉和其他电加热器。

(9)在架空输电线路附近工作时,应停止输电,不能停电时,应有隔离措施,要保持安全距离,防止触碰。

(10)电线必须架空,不得在地面、施工楼面随意乱拖,若必须通过地面、楼面时,应有过路保护,物料、车、人不准压踏碾磨电线。

12. 施工现场防火安全规定

(1)施工现场要有明显的防火宣传标志。

(2)施工现场必须设置临时消防车道。其宽度不得小于3.5m,并保证临时消防车道的畅通,禁止在临时消防车道上堆物、堆料或挤占临时消防车道。

(3)施工现场必须配备消防器材,做到布局合理。要害部位应配备不少于 4 具的灭火器,要有明显的防火标志,并经常检查、维护、保养,保证灭火器材灵敏有效。

(4)施工现场消火栓应布局合理,消防干管直径不小于100mm,消火栓处昼夜要设有明显标志,配备足够的水龙带,周围 3m 内不准存放物品。地下消火栓必须符合防火规范。

(5)高度超过 24m 的建筑工程,应安装临时消防竖管。管径不得小于 75mm,每层设消火栓口,配备足够的水龙带。消防水要保证足够的水源和水压,严禁消防竖管作为施工用水管线。消防泵房应使用非燃材料建造,位置设置合理,便于操作,并设专人管理,保证消防供水。消防泵的专用配电线路应引自施工现场总断路器的上端,要保证连续不间断供电。

(6)电焊工、气焊工从事电气设备安装的电焊、气焊切割作业,要有操作证和用火证。用火前,要对易燃、可燃物采取清除、隔离等措施,配备看火人员和灭火器具,作业后必须确认无火源隐患后方可离去。用火证当日有效。用火地点变换,要重新办理用火证手续。

(7)氧气瓶、乙炔瓶工作间距不小于 5m,两瓶与明火作业距离不小于 10m。建筑工程内禁止氧气瓶、乙炔瓶存放,禁止使用液化石油气"钢瓶"。

(8)施工现场使用的电气设备必须符合防火要求。临时用电必须安装过载保护装置,电闸箱内不准使用易燃、可燃材料。严禁超负荷使用电气设备。

(9)施工材料的存放、使用应符合防火要求。库房应采用非燃材料支搭,易燃易爆物品应专库储存,分类单独存放,保持通风,用电符合防火规定。不准在工程内、库房内调配油漆、稀料。

(10)工程内部不准作为仓库使用,不准存放易燃、可燃材料,因施工需要进入工程内部的可燃材料,要根据工程计划限量进入并采取可靠的防火措施。废弃材料应及时消除。

(11)施工现场使用的安全网、密目式安全网、密目式防尘网、保温材料,必须符合消防安全规定,不得使用易燃、可燃材料。

(12)施工现场严禁吸烟,不得在建筑工程内部设置宿舍。

(13)施工现场和生活区,未经有关部门批准不得使用电热器具。严禁工程中明火保温施工及宿舍内明火取暖。

(14)从事油漆粉刷或防水等有毒及易燃危险作业时,要有具体的防火要求,必要时派专人看护。

(15)生活区的设置必须符合消防管理规定。严禁使用可燃材料搭设,宿舍内不得卧床吸烟,房间内住 20 人以上必须设置不少于 2 处的安全门,居住 100 人以上,要有消防安全通道及人员疏散预案。

(16)生活区的用电要符合防火规定。食堂使用的燃料必须符合使用规定,用火点和燃料不能在同一房间内,使用时要有专人管理,停火时将总开关关闭,经常检查有无泄漏。

三、高处作业安全知识

1. 高处作业的一般施工安全规定和技术措施

按照《高处作业分级》(GB/T 3608—2008)规定:凡在坠落高度基准面 2m 以上(含 2m)的可能坠落的高处所进行的作业,都称为高处作业。

在施工现场高处作业中,如果未防护、防护不好或作业不当都可能发生人或物的坠落。人从高处坠落的事故,称为高处坠落事故。物体从高处坠落砸着下面人的事故,称为物体打击事故。建筑施工中的高处作业主要包括临边、洞口、攀登、悬空、交叉作业等类型,这些是高处作业伤亡事故可能发生的主要地点。

高处作业时的安全措施有设置防护栏杆,孔洞加盖,安装安全防护门,满挂安全平立网,必要时设置安全防护棚等。

(1)施工前,应逐级进行安全技术教育及交底,落实所有安全技术措施和个人防护用品,未经落实时不得进行施工。

(2)高处作业中的安全标志、工具、仪表、电气设施和各种设备,必须在施工前加以检查,确认其完好,方能投入使用。

(3)悬空、攀登高处作业以及搭设高处安全设施的人员必须按照国家有关规定,经过专门的安全作业培训,并取得特种作业操作资格证书后,方可上岗作业。

(4)从事高处作业的人员必须定期进行身体检查,诊断患有心脏病、贫血、高血压、癫痫病、恐高症及其他不适宜高处作业的疾病时,不得从事高处作业。

(5)高处作业人员应头戴安全帽,身穿紧口工作服,脚穿防滑鞋,腰系安全带。

(6)高处作业场所有坠落可能的物体,应一律先行撤除或予以固定。所用物件均应堆放平稳,不妨碍通行和装卸。工具应随手放入工具袋,拆卸下的物件及余料和废料均应及时清理运走,清理时应采用传递或系绳提溜方式,禁止抛掷。

(7)遇有六级以上强风、浓雾和大雨等恶劣天气,不得进行露天悬空与攀登高处作业。台风暴雨后,应对高处作业安全设施逐一检查,发现有松动、变形、损坏或脱落、漏雨、漏电等现象,应立即修理完善或重新设置。

(8)所有安全防护设施和安全标志等,任何人都不得损坏或擅自移动和拆除。因作业必须临时拆除或变动安全防护设施、安全标志时,必须经有关施工负责人同意,并采取相应的可靠措施,作业完毕后立即恢复。

(9)施工中对高处作业的安全技术设施发现有缺陷和隐患时,必须立即报告,及时解决。危及人身安全时,必须立即停止作业。

2.高处作业的基本安全技术措施

(1)凡是临边作业,都要在临边处设置防护栏杆,一般上杆离地面高度为 1.0~1.2m,下杆离地面高度为 0.5~0.6m;防护栏杆必须自上而下用安全网封闭,或在栏杆下边设置严密固定的高度不低于 18cm 的挡脚板或 40cm 的挡脚竹笆。

(2)对于洞口作业,可根据具体情况采取设防护栏杆、加盖板、张挂安全网与装栅门等措施。

(3)进行攀登作业时,作业人员要从规定的通道上下,不能在阳台之间等非规定通道进行攀登,也不得任意利用吊车车臂架等施工设备进行攀登。

（4）进行悬空作业时，要设有牢靠的作业立足处，并视具体情况设防护栏杆，搭设架手架、操作平台，使用马凳，张挂安全网或其他安全措施；作业所用索具、脚手板、吊篮、吊笼、平台等设备，均需经技术鉴定方能使用。

（5）进行交叉作业时，注意不得在上下同一垂直方向上操作，下层作业的位置必须处于依上层高度确定的可能坠落范围之外。不符合以上条件时，必须设置安全防护层。

（6）结构施工自二层起，凡人员进出的通道口（包括井架、施工电梯的进出口），均应搭设安全防护棚。高度超过 24m 时，防护棚应设双层。

（7）建筑施工进行高处作业之前，应进行安全防护设施的检查和验收。验收合格后，方可进行高处作业。

3. 高处作业安全防护用品使用常识

由于建筑行业的特殊性，高处作业中发生高处坠落、物体打击事故的比例最大。要避免伤亡事故，作业人员必须正确佩戴安全帽，调好帽箍，系好帽带；正确使用安全带，高挂低用；按规定架设安全网。

（1）安全帽。对人体头部受外力伤害（如物体打击）起防护作用的帽子。使用时要注意：

①选用经有关部门检验合格，其上有"安鉴"标志的安全帽。

②使用安全帽前先检查外壳是否破损，有无合格帽衬，帽带是否齐全，如果不符合要求则立即更换。

③调整好帽箍、帽衬（4～5cm），系好帽带。

（2）安全带。高处作业人员预防坠落伤亡的防护用品。使用时要注意：

①选用经有关部门检验合格的安全带,并保证在使用有效期内。

②安全带严禁打结、续接。

③使用中,要可靠地挂在牢固的地方,高挂低用,且要防止摆动,避免明火和刺割。

④2m 以上的悬空作业,必须使用安全带。

⑤在无法直接挂设安全带的地方,应设置挂安全带的安全拉绳、安全栏杆等。

(3)安全网。用来防止人、物坠落或用来避免、减轻坠落及物体打击伤害的网具。使用时要注意:

①要选用有合格证的安全网;在使用时,必须按规定到有关部门检测、检验合格,方可使用。

②安全网若有破损、老化,应及时更换。

③安全网与架体连接不宜绷得太紧,系结点要沿边分布均匀、绑牢。

④立网不得作为平网使用。

⑤立网必须选用密目式安全网。

四、脚手架作业安全技术常识

1. 脚手架的作用及常用架型

脚手架的搭设、拆除作业属悬空、攀登高处作业,其作业人员必须按照国家有关规定经过专门的安全作业培训,并取得特种作业操作资格证书后,方可上岗作业。其他无资格证书的作业人员只能做一些辅助工作,严禁悬空、登高作业。

脚手架的主要作用是在高处作业时供堆料、短距离水平运输及作业人员在上面进行施工作业。高处作业的五种基本类型的安全隐患在脚手架上作业中都会发生。

脚手架应满足以下基本要求:

(1)要有足够的牢固性和稳定性,保证施工期间在所规定的荷载和气候条件下,不产生变形、倾斜和摇晃。

(2)要有足够的使用面积,满足堆料、运输、操作和行走的要求。

(3)构造要简单,搭设、拆除和搬运要方便。

常用脚手架有扣件式钢管脚手架、门型钢管脚手架、碗扣式钢管架等。此外还有附着升降脚手架、吊篮式脚手架、挂式脚手架等。

2. 脚手架作业一般安全技术常识

(1)每项脚手架工程都要有经批准的施工方案并严格按照此方案搭设和拆除,作业前必须组织全体作业人员熟悉施工和作业要求,进行安全技术交底。班组长要带领作业人员对施工作业环境及所需工具、安全防护设施等进行检查,消除隐患后方可作业。

(2)脚手架要结合工程进度搭设,结构施工时脚手架要始终高出作业面一步架,但不宜一次搭得过高。未完成的脚手架,作业人员离开作业岗位(休息或下班)时,不得留有未固定的构件,并应保证架子稳定。

脚手架要经验收签字后方可使用。分段搭设时应分段验收。在使用过程中要定期检查,较长时间停用、台风或暴雨过后使用前要进行检查加固。

(3)落地式脚手架基础必须坚实,若是回填土,必须平整夯实,并做好排水措施,以防止地基沉陷引起架子沉降、变形、倒塌。当基础不能满足要求时,可采取挑、吊、撑等技术措施,将荷载分段卸到建筑物上。

（4）设计搭设高度较小（15m以下）时，可采用抛撑；当设计高度较大时，采用既抗拉又抗压的连墙点（根据规范用柔性或刚性连墙点）。

（5）施工作业层的脚手板要满铺、牢固，离墙间隙不大于15cm，并不得出现探头板；在架子外侧四周设1.2m高的防护栏杆及18cm的挡脚板，且在作业层下装设安全平网；架体外排立杆内侧挂设密目式安全立网。

（6）脚手架出入口须设置规范的通道口防护棚；外侧临街或高层建筑脚手架，其外侧应设置双层安全防护棚。

（7）架子使用中，通常架上的均布荷载，不应超过规范规定。人员、材料不要太集中。

（8）在防雷保护范围之外，应按规定安装防雷保护装置。

（9）脚手架拆除时，应设警戒区和醒目标志，有专人负责警戒；架体上的材料、杂物等应消除干净；架体若有松动或危险的部位，应予以先行加固，再进行拆除。

（10）拆除顺序应遵循"自上而下，后装的构件先拆，先装的后拆，一步一清"的原则，依次进行。不得上下同时拆除作业，严禁用踏步式、分段、分立面拆除法。

（11）拆下来的杆件、脚手板、安全网等应用运输设备运至地面，严禁从高处向下抛掷。

五、施工现场临时用电安全知识

1. 现场临时用电安全基本原则

（1）建筑施工现场的电工、电焊工属于特种作业工种，必须按国家有关规定经专门安全作业培训，取得特种作业操作资格证书,方可上岗作业。其他人员不得从事电气设备及电气线路的安装、维修和拆除。

(2)建筑施工现场必须采用 TN-S 接零保护系统,即具有专用保护零线(PE 线)、电源中性点直接接地的 220/380V 三相五线制系统。

(3)建筑施工现场必须按"三级配电二级保护"设置。

(4)施工现场的用电设备必须实行"一机、一闸、一漏、一箱"制,即每台用电设备必须有自己专用的开关箱,专用开关箱内必须设置独立的隔离开关和漏电保护器。

(5)严禁在高压线下方搭设临建、堆放材料和进行施工作业;在高压线一侧作业时,必须保持至少 6m 的水平距离,达不到上述距离时,必须采取隔离防护措施。

(6)在宿舍工棚、仓库、办公室内,严禁使用电饭煲、电水壶、电炉、电热杯等较大功率电器。如需使用,应由项目部安排专业电工在指定地点安装,可使用较高功率电器的电气线路和控制器。严禁使用不符合安全要求的电炉、电热棒等。

(7)严禁在宿舍内乱拉、乱接电源,非专职电工不准乱接或更换熔丝,不准以其他金属丝代替熔丝(保险丝)。

(8)严禁在电线上晾衣服和挂其他东西等。

(9)搬运较长的金属物体,如钢筋、钢管等材料时,应注意不要碰触到电线。

(10)在临近输电线路的建筑物上作业时,不能随便往下扔金属类杂物;更不能触摸、拉动电线或与电线接触的钢丝和电杆的拉线。

(11)移动金属梯子和操作平台时,要观察高处输电线路与移动物体的距离,确认有足够的安全距离,再进行作业。

(12)在地面或楼面上运送材料时,不要踏在电线上;停放手推车,堆放钢模板、跳板、钢筋时,不要压在电线上。

(13)移动有电源线的机械设备,如电焊机、水泵、小型木工机械等,必须先切断电源,不能带电搬动。

(14)当发现电线坠地或设备漏电时,切不可随意跑动和触摸金属物体,并应保持 10m 以上距离。

2. 安全电压

安全电压是为防止触电事故而采用的 50V 以下特定电源供电的电压系列,分为 42V、36V、24V、12V 和 6V 五个等级,根据不同的作业条件,选用不同的安全电压等级。建筑施工现场常用的安全电压有 12V、24V、36V。

以下特殊场所必须采用安全电压照明供电:

(1)室内灯具离地面低于 2.4m、手持照明灯具、一般潮湿作业场所(地下室、潮湿室内、潮湿楼梯、隧道、人防工程以及有高温、导电灰尘等)的照明,电源电压应不大于 36V。

(2)潮湿和易触及带电体场所的照明电源电压,应不大于 24V。

(3)在特别潮湿的场所、锅炉或金属容器内、导电良好的地面使用手持照明灯具等,照明电源电压不得大于 12V。

3. 电线的相色

(1)正确识别电线的相色。

电源线路可分为工作相线(火线)、专用工作零线和专用保护零线。一般情况下,工作相线(火线)带电危险,专用工作零线和专用保护零线不带电(但在不正常情况下,工作零线也可以带电)。

(2)相色规定。

一般相线(火线)分为 A、B、C 三相,分别为黄色、绿色、红色；工作零线为黑色；专用保护零线为黄绿双色线。

严禁用黄绿双色、黑色、蓝色线充当相线，也严禁用黄色、绿色、红色线作为工作零线和保护零线。

4. 插座的使用

要正确使用与安装插座。

(1)插座分类。

常用的插座分为单相双孔、单相三孔和三相三孔、三相四孔等。

(2)选用与安装接线。

①三孔插座应选用"品字形"结构，不应选用等边三角形排列的结构，因为后者容易发生三孔互换，造成触电事故。

②插座在电箱中安装时，必须首先固定安装在安装板上，接地极与箱体一起作可靠的 PE 保护。

③三孔或四孔插座的接地孔（较粗的一个孔），必须置于顶部位置，不可倒置，两孔插座应水平并列安装，不准垂直并列安装。

④插座接线要求：对于两孔插座，左孔接零线，右孔接相线；对于三孔插座，左孔接零线，右孔接相线，上孔接保护零线；对于四孔插座，上孔接保护零线，其他三孔分别接 A、B、C 三根相线。

5. "用电示警"标志

正确识别"用电示警"标志或标牌，不得随意靠近、随意损坏和挪动标牌（表 3-1）。进入施工现场的每个人都必须认真遵守用电管理规定，见到用电示警标志或标牌时，不得随意靠近，更不准随意损坏、挪动标牌。

表 3-1　　　　　　　　　　用电示警标志分类和使用

分类＼使用	颜色	使用场所
常用电力标志	红色	配电房、发电机房、变压器等重要场所
高压示警标志	字体为黑色,箭头和边框为红色	需高压示警场所
配电房示警标志	字体为红色,边框为黑色(或字与边框交换颜色)	配电房或发电机房
维护检修示警标志	底为红色,字为白色(或字为红色,底为白色,边框为黑色)	维护检修时相关场所
其他用电示警标志	箭头为红色,边框为黑色,字为红色或黑色	其他一般用电场所

6. 电气线路的安全技术措施

(1)施工现场电气线路全部采用"三相五线制"(TN-S 系统)专用保护接零(PE 线)系统供电。

(2)施工现场架空线采用绝缘铜线。

(3)架空线设在专用电杆上,严禁架设在树木、脚手架上。

(4)导线与地面保持足够的安全距离。

导线与地面最小垂直距离:施工现场应不小于 4m;机动车道应不小于 6m;铁路轨道应不小于 7.5m。

(5)无法保证规定的电气安全距离时,必须采取防护措施。

如果由于在建工程位置限制而无法保证规定的电气安全距离,必须采取设置防护性遮拦、栅栏,悬挂警告标志牌等防护措施,发生高压线断线落地时,非检修人员要远离落地处 10m 以外,以防跨步电压危害。

(6)为了防止设备外壳带电发生触电事故,设备应采用保护接零,并安装漏电保护器等措施。作业人员要经常检查保护零线连接是否牢固可靠,漏电保护器是否有效。

(7)在电箱等用电危险地方,挂设安全警示牌。如"有电危险""禁止合闸,有人工作"等。

7. 照明用电的安全技术措施

施工现场临时照明用电的安全要求如下:

(1)临时照明线路必须使用绝缘导线。户内(工棚)临时线路的导线必须安装在离地 2m 以上的支架上;户外临时线路必须安装在离地 2.5m 以上的支架上,零星照明线不允许使用花线,一般应使用软电缆线。

(2)建设工程的照明灯具宜采用拉线开关。拉线开关距地面高度为 2～3m,与出口、入口的水平距离为 0.15～0.2m。

(3)严禁在床头设立开关和插座。

(4)电器、灯具的相线必须经过开关控制。

不得将相线直接引入灯具,也不允许以电气插头代替开关来分合电路,室外灯具距地面不得低于 3m;室内灯具不得低于 2.4m。

(5)使用手持照明灯具(行灯)应符合一定的要求:

①电源电压不超过 36V。

②灯体与手柄应坚固,绝缘良好,并耐热防潮湿。

③灯头与灯体结合牢固。

④灯泡外部要有金属保护网。

⑤金属网、反光罩、悬吊挂钩应固定在灯具的绝缘部位上。

(6)照明系统中每一单相回路上,灯具和插座数量不宜超过25个,并应装设熔断电流为15A以下的熔断保护器。

🔹 8. 配电箱与开关箱的安全技术措施

施工现场临时用电一般采用三级配电方式,即总配电箱(或配电室),下设分配电箱,再以下设开关箱,开关箱以下就是用电设备。

配电箱和开关箱的使用安全要求如下:

(1)配电箱、开关箱的箱体材料,一般应选用钢板,亦可选用绝缘板,但不宜选用木质材料。

(2)配电箱、开关箱应安装端正、牢固,不得倒置、歪斜。

固定式配电箱、开关箱的下底与地面垂直距离应大于或等于 1.3m 且小于或等于 1.5m;移动式配电箱、开关箱的下底与地面的垂直距离应大于或等于 0.6m 且小于或等于 1.5m。

(3)进入开关箱的电源线,严禁用插销连接。

(4)电箱之间的距离不宜太远。

配电箱与开关箱的距离不得超过 30m。开关箱与固定式用电设备的水平距离不宜超过 3m。

(5)每台用电设备应有各自专用的开关箱,且必须满足"一机、一闸、一漏、一箱"的要求,严禁用同一个开关电器直接控制两台及两台以上用电设备(含插座)。

开关箱中必须设漏电保护器,其额定漏电动作电流应不大于 30mA,漏电动作时间应不大于 0.1s。

(6)所有配电箱门应配锁,不得在配电箱和开关箱内挂接或插接其他临时用电设备,开关箱内严禁放置杂物。

(7)配电箱、开关箱的接线应由电工操作,非电工人员不得乱接。

9.配电箱和开关箱的使用要求

(1)在停电、送电时,配电箱、开关箱之间应遵守合理的操作顺序。

送电操作顺序:总配电箱→分配电箱→开关箱。

断电操作顺序:开关箱→分配电箱→总配电箱。

正常情况下,停电时首先分断自动开关,然后分断隔离开关;送电时先合隔离开关,后合自动开关。

(2)使用配电箱、开关箱时,操作者应接受岗前培训,熟悉所使用设备的电气性能和掌握有关开关的正确操作方法。

(3)及时检查、维修,更换熔断器的熔丝必须用原规格的熔丝,严禁用铜线、铁线代替。

(4)配电箱的工作环境应经常保持设置时的要求,不得在其周围堆放任何杂物,保持必要的操作空间和通道。

(5)维修机器停电作业时,要与电源负责人联系停电,要悬挂警示标志,卸下保险丝,锁上开关箱。

10.手持电动机具的安全使用要求

(1)一般场所应选用Ⅰ类手持式电动工具,并应装设额定漏电动作电流不大于15mA、额定漏电动作时间小于0.1s的漏电保护器。

(2)在露天、潮湿场所或金属构架上操作时,必须选用Ⅱ类手持式电动工具,并装设漏电保护器,严禁使用Ⅰ类手持式电动工具。

(3)负荷线必须采用耐用的橡皮护套铜芯软电缆。

单相用三芯(其中一芯为保护零线)电缆;三相用四芯(其中一芯为保护零线)电缆;电缆不得有破损或老化现象,中间不得有接头。

(4)手持电动工具应配备装有专用的电源开关和漏电保护器的开关箱,严禁一台开关接两台以上设备,其电源开关应采用双刀控制。

(5)手持电动工具开关箱内应采用插座连接,其插头、插座应无损坏、无裂纹,且绝缘良好。

(6)使用手持电动工具前,必须检查外壳、手柄、负荷线、插头等是否完好无损,接线是否正确(防止相线与零线错接);发现工具外壳、手柄破裂,应立即停止使用并进行更换。

(7)非专职人员不得擅自拆卸和修理工具。

(8)作业人员使用手持电动工具时,应穿绝缘鞋,戴绝缘手套,操作时握其手柄,不得利用电缆提拉。

(9)长期搁置不用或受潮的工具在使用前应由电工测量绝缘阻值是否符合要求。

11. 触电事故及原因分析

(1)缺乏电气安全知识,自我保护意识淡薄。

电气设施安装或接线不是由专业电工操作,而是由非专业人员安装。安装人又无基本的电气安全知识,装设不符合电气基本要求,造成意外的触电事故。发生这种触电事故的原因都是缺乏电气安全知识,无自我保护意识。

(2)违反安全操作规程。

施工现场中,有人图方便,不用插头,在电箱乱拉乱接电线。还有人在宿舍私自拉接电线照明,在床上接音响设备、电风扇,有的甚至烧水、做饭等,极易造成触电事故。也有人凭经验用手去试探电器是否带电或不采取安全措施带电作业,或带着侥幸心理,在带电体(如高压线)周围,不采取任何安全措施,违章作业,造成触电事故等。

(3)不使用"TN-S"接零保护系统。

有的工地未使用"TN-S"接零保护系统,或者未按要求连接专用保护接零线,无有效地安全保护系统。不按"三级配电二级保护""一机、一闸、一漏、一箱"设置,造成工地用电使用混乱,易造成误操作,并且在触电时,使得安全保护系统未起可靠的安全保护效果。

(4)电气设备安装不合格。

电气设备安装必须遵守安全技术规定,否则由于安装错误,当人身接触带电部分时,就会造成触电事故。如电线高度不符合安全要求,太低,架空线乱拉、乱扯,有的还将电线拴在脚手架上,导线的接头只用老化的绝缘布包上,以及电气设备没有做保护接地、保护接零等,一旦漏电就会发生严重触电事故。

(5)电气设备缺乏正常检修和维护。

由于电气设备长期使用,易出现电气绝缘老化、导线裸露、胶盖刀闸胶木破损、插座盖子损坏等。如不及时检修,一旦漏电,将造成严重后果。

(6)偶然因素。

电力线被风刮断,导线接触地面引起跨步电压,当人走近该地区时就会发生触电事故。

六、起重吊装机械安全操作常识

1. 基本要求

塔式起重机、施工电梯、物料提升机等施工起重机械的操作(也称为司机)、指挥、司索等作业人员属特种作业,必须按国家有关规定经专门安全作业培训,取得特种作业操作资格证书,方可上岗作业。

施工起重机械(也称垂直运输设备)必须由有相应的制造(生产)许可证的企业生产,并有出厂合格证。其安装、拆除、加高及附墙施工作业,必须由有相应作业资格的队伍作业,作业人员必须按国家有关规定经专门安全作业培训,取得特种作业操作资格证书,方可上岗作业。其他非专业人员不得上岗作业。安装、拆卸、加高及附墙施工作业前,必须有经审批、审查的施工方案,并进行方案及安全技术交底。

2. 塔式起重机使用安全常识

(1)起重机"十不吊"。

①起重臂和吊起的重物下面有人停留或行走不准吊。

②起重指挥应由技术培训合格的专职人员担任,无指挥或信号不清不准吊。

③钢筋、型钢、管材等细长和多根物件必须捆扎牢靠,多点起吊。单头"千斤"或捆扎不牢靠不准吊。

④多孔板、积灰斗、手推翻斗车不用四点吊或大模板外挂板不用卸甲不准吊。预制钢筋混凝土楼板不准双拼吊。

⑤吊砌块必须使用安全可靠的砌块夹具,吊砖必须使用砖笼,并堆放整齐。木砖、预埋件等零星物件要用盛器堆放稳妥,叠放不齐不准吊。

⑥楼板、大梁等吊物上站人不准吊。

⑦埋入地下的板桩、井点管等以及粘连、附着的物件不准吊。

⑧多机作业,应保证所吊重物距离不小于3m,在同一轨道上多机作业,无安全措施不准吊。

⑨六级以上强风不准吊。

⑩斜拉重物或超过机械允许荷载不准吊。

（2）塔式起重机吊运作业区域内严禁无关人员入内，起吊物下方不准站人。

（3）司机（操作）、指挥、司索等工种应按有关要求配备，其他人员不得作业。

（4）六级以上强风不准吊运物件。

（5）作业人员必须听从指挥人员的指挥，吊物起吊前作业人员应撤离。

（6）吊物的捆绑要求。

①吊运物件时，应清楚重量，吊运点及绑扎应牢固可靠。

②吊运散件物时，应用铁制合格料斗，料斗上应设有专用的牢固的吊装点；料斗内装物高度不得超过料斗上口边，散粒状的轻浮易撒物盛装高度应低于上口边线 10cm。

③吊运长条状物品（如钢筋、长条状木方等），所吊物件应在物品上选择两个均匀、平衡的吊点，绑扎牢固。

④吊运有棱角、锐边的物品时，钢丝绳绑扎处应做好防护措施。

3. 施工电梯使用安全常识

施工电梯也称外用电梯，也有称为（人、货两用）施工升降机，是施工现场垂直运输人员和材料的主要机械设备。

（1）施工电梯投入使用前，应在首层搭设出入口防护棚，防护棚应符合有关高处作业规范。

（2）电梯在大雨、大雾、六级以上大风以及导轨架、电缆等结冰时，必须停止使用，并将梯笼降到底层，切断电源。暴风雨后，应对电梯各安全装置进行一次检查，确认正常，方可使用。

（3）电梯底笼周围 2.5m 范围，应设置防护栏杆。

(4)电梯各出料口运输平台应平整牢固,还应安装牢固可靠的栏杆和安全门,使用时安全门应保持关闭。

(5)电梯使用应有明确的联络信号,禁止用敲打、呼叫等方式联络。

(6)乘坐电梯时,应先关好安全门,再关好梯笼门,方可启动电梯。

(7)梯笼内乘人或载物时,应使载荷均匀分布,不得偏重;严禁超载运行。

(8)等候电梯时,应站在建筑物内,不得聚集在通道平台上,也不得将头手伸出栏杆和安全门外。

(9)电梯每班首次载重运行时,当梯笼升离地面 $1\sim2m$ 时,应停机试验制动器的可靠性;当发现制动效果不良时,应调整或修复后方可投入使用。

(10)操作人员应根据指挥信号操作。作业前应鸣声示意。在电梯未切断总电源开关前,操作人员不得离开操作岗位。

(11)施工电梯发生故障的处理。

①当运行中发现异常情况时,应立即停机并采取有效措施,将梯笼降到底层,排除故障后方可继续运行。

②在运行中发现电梯失控时,应立即按下急停按钮;在未排除故障前,不得打开急停按钮。

③在运行中发现制动器失灵时,可将梯笼开至底层维修;或者让其下滑防坠安全器制动。

④在运行中发现故障时,不要惊慌,电梯的安全装置将提供可靠的保护;应听从专业人员的安排,或等待修复,或听从专业人员的指挥撤离。

(12)作业后,应将梯笼降到底层,各控制开关拨到零位,切断电源,锁好开关箱,闭锁梯笼门和围护门。

4.物料提升机使用安全常识

物料提升机有龙门架、井字架式的,也有的称为(货用)施工升降机,是施工现场物料垂直运输的主要机械设备。

(1)物料提升机用于运载物料,严禁载人上下;装卸料人员、维修人员必须在安全装置可靠或采取了可靠的措施后,方可进入吊笼内作业。

(2)物料提升机进料口必须加装安全防护门,并按高处作业规范搭设防护棚,并设安全通道,防止从棚外进入架体中。

(3)物料提升机在运行时,严禁对设备进行保养、维修,任何人不得攀登架体或从架体内穿过。

(4)运载物料的要求。

①运送散料时,应使用料斗装载,并放置平稳;使用手推斗车装置于吊笼时,必须将手推斗车平稳并制动放置,注意车把手及车不能伸出吊笼。

②运送长料时,物料不得超出吊笼;物料立放时,应捆绑牢固。

③物料装载时,应均匀分布,不得偏重,严禁超载运行。

(5)物料提升机的架体应有附墙或缆风绳,并应牢固可靠,符合说明书和规范的要求。

(6)物料提升机的架体外侧应用小网眼安全网封闭,防止物料在运行时坠落。

(7)禁止在物料提升机架体上进行焊接、切割或者钻孔等作业,防止损伤架体的任何构件。

(8)出料口平台应牢固可靠,并应安装防护栏杆和安全门。运行时安全门应保持关闭。

(9)吊笼上应有安全门,防止物料坠落;并且安全门应与安全停靠装置联锁。安全停靠装置应灵敏可靠。

(10)楼层安全防护门应有电气或机械锁装置,在安全门未可靠关闭时,禁止吊笼运行。

(11)作业人员等待吊笼时,应在建筑物内或者平台内距安全门 1m 以外处等待。严禁将头、手伸出栏杆或安全门。

(12)进出料口应安装明确的联络信号,高架提升机还应有可视系统。

5.起重吊装作业安全常识

起重吊装是指建筑工程中,采用相应的机械设备和设施来完成结构吊装和设施安装,属于危险作业,作业环境复杂,技术难度大。

(1)作业前应根据作业特点编制专项施工方案,并对参加作业人员进行方案和安全技术交底。

(2)作业时周边应设置警戒区域,设置醒目的警示标志,防止无关人员进入;特别危险处应设监护人员。

(3)起重吊装作业大多数作业点都必须由专业技术人员作业;属于特种作业的人员必须按国家有关规定经专门安全作业培训,取得特种作业操作资格证书,方可上岗作业。

(4)作业人员应根据现场作业条件选择安全的位置作业。在卷扬机与地滑轮穿越钢丝绳的区域,禁止人员站立和通行。

(5)吊装过程必须设有专人指挥,其他人员必须服从指挥。起重指挥不能兼作其他工种,并应确保起重司机清晰准确地听到指挥信号。

(6)作业过程必须遵守起重机"十不吊"原则。

(7)被吊物的捆绑要求,按塔式起重机被吊物捆绑作业要求。

（8）构件存放场地应该平整坚实。构件叠放用方木垫平，必须稳固，不准超高（一般不宜超过1.6m）。构件存放除设置垫木外，必要时要设置相应的支撑，提高其稳定性。禁止无关人员在堆放的构件中穿行，防止发生构件倒塌挤人事故。

（9）在露天遇六级以上大风或大雨、大雪、大雾等天气时，应停止起重吊装作业。

（10）起重机作业时，起重臂和吊物下方严禁有人停留、工作或通过。重物吊运时，严禁人从上方通过。严禁用起重机载运人员。

（11）经常使用的起重工具注意事项。

①手动倒链：操作人员应经培训合格后方可上岗作业，吊物时应挂牢后慢慢拉动倒链，不得斜向拽拉。当一人拉不动时，应查明原因，禁止多人一齐猛拉。

②手搬葫芦：操作人员应经培训合格后方可上岗作业，使用前检查自锁夹钳装置的可靠性，当夹紧钢丝绳后，应能往复运动，否则禁止使用。

③千斤顶：操作人员应经培训合格后方可上岗作业，千斤顶置于平整坚实的地面上，并垫木板或钢板，防止地面沉陷。顶部与光滑物接触面应垫硬木，防止滑动。开始操作应逐渐顶升，注意防止顶歪，始终保持重物的平衡。

七、中小型施工机械安全操作常识

1.基本安全操作要求

施工机械的使用必须按"定人、定机"制度执行。操作人员必须经培训合格，方可上岗作业，其他人员不得擅自使用。机械使用前，必须对机械设备进行检查，各部位确认完好无损，并空载试运行,符合安全技术要求,方可使用。

施工现场机械设备必须按其控制的要求,配备符合规定的控制设备,严禁使用倒顺开关。在使用机械设备时,必须严格按照安全操作规程,严禁违章作业;发现有故障、有异常响动、温度异常升高时,都必须立即停机,经过专业人员维修,并检验合格后,方可重新投入使用。

操作人员应做到"调整、紧固、润滑、清洁、防腐"十字作业的要求,按有关要求对机械设备进行保养。操作人员在作业时,不得擅自离开工作岗位。下班时,应先将机械停止运行,然后断开电源,锁好电箱,方可离开。

2. 混凝土(砂浆)搅拌机安全操作要求

(1)搅拌机的安装一定要平稳、牢固。长期固定使用时,应埋置地脚螺栓;短期使用时,应在机座上铺设木枕或撑架找平,牢固放置。

(2)料斗提升时,严禁在料斗下工作或穿行。清理料斗坑时,必须先切断电源,锁好电箱,并将料斗双保险钩挂牢或插上保险插销。

(3)运转时,严禁将头或手伸入料斗与机架之间查看,不得用工具或物件伸入搅拌筒内。

(4)运转中严禁保养维修。维修保养搅拌机,必须拉闸断电,锁好电箱,挂好"有人工作,严禁合闸"牌,并有专人监护。

3. 混凝土振动器安全操作要求

常用的混凝土振动器有插入式和平板式。

(1)振动器应安装漏电保护装置,保护接零应牢固可靠。作业时操作人员应穿戴绝缘胶鞋和绝缘手套。

（2）使用前，应检查各部位无损伤，并确认连接牢固，旋转方向正确。

（3）电缆线应满足操作所需的长度。严禁用电缆线拖拉或吊挂振动器。振动器不得在初凝的混凝土、地板、脚手架和干硬的地面上进行试振。在检修或作业间断时，应断开电源。

（4）作业时，振动棒软管的弯曲半径不得小于 500mm，并不得多于两个弯，操作时应将振动棒垂直地沉入混凝土，不得用力硬插、斜推或让钢筋夹住棒头，也不得全部插入混凝土中，插入深度不应超过棒长的 3/4，不宜触及钢筋、芯管及预埋件。

（5）作业停止需移动振动器时，应先关闭电动机，再切断电源。不得用软管拖拉电动机。

（6）平板式振动器工作时，应使平板与混凝土保持接触，待表面出浆，不再下沉后，即可缓慢移动；运转时，不得搁置在已凝或初凝的混凝土上。

（7）移动平板式振动器应使用干燥绝缘的拉绳，不得用脚踢电动机。

4. 钢筋切断机安全操作要求

（1）机械未达到正常转速时，不得切料。切料时，应使用切刀的中、下部位，紧握钢筋对准刃口迅速投入，操作者应站在固定刀片一侧用力压住钢筋，应防止钢筋末端弹出伤人。严禁用两手在刀片两边握住钢筋俯身送料。

（2）不得剪切直径及强度超过机械铭牌规定的钢筋和烧红的钢筋。一次切断多根钢筋时，其总截面积应在规定范围内。

（3）切断短料时，手和切刀之间的距离应保持在 150mm 以上，如手握端小于 400mm 时，应采用套管或夹具将钢筋短头压住或夹牢。

(4)运转中严禁用手直接清除切刀附近的断头和杂物。钢筋摆动周围和切刀周围,不得停留非操作人员。

◐ 5.钢筋弯曲机安全操作要求

(1)应按加工钢筋的直径和弯曲半径的要求,装好相应规格的芯轴和成型轴、挡铁轴。芯轴直径应为钢筋直径的 2.5 倍。挡铁轴应有轴套,挡铁轴的直径和强度不得小于被弯钢筋的直径和强度。

(2)作业时,应将钢筋需弯曲一端插入转盘固定销的间隙内,另一端紧靠机身固定销,并用手压紧;应检查机身固定销并确认安放在挡住钢筋的一侧,方可开动。

(3)作业中,严禁更换轴芯、销子和变换角度以及调整,也不得进行清扫和加油。

(4)对超过机械铭牌规定直径的钢筋严禁进行弯曲。不直的钢筋不得在弯曲机上弯曲。

(5)在弯曲钢筋的作业半径内和机身不设固定销的一侧严禁站人。

(6)转盘换向时,应待停稳后进行。

(7)作业后,应及时清除转盘及插入座孔内的铁锈、杂物等。

◐ 6.钢筋调直切断机安全操作要求

(1)应按调直钢筋的直径,选用适当的调直块及传动速度。调直块的孔径应比钢筋直径大 2~5mm,传动速度应根据钢筋直径选用,直径大的宜选用慢速,经调试合格,方可作业。

(2)在调直块未固定、防护罩未盖好前不得送料。作业中严禁打开各部防护罩并调整间隙。

（3）当钢筋送入后,手与轮应保持一定的距离,不得接近。

（4）送料前应将不直的钢筋端头切除。导向筒前应安装一根 1m 长的钢管,钢筋应穿过钢管再送入调直机前端的导孔内。

7.钢筋冷拉安全操作要求

（1）卷扬机的位置应使操作人员能见到全部的冷拉场地,卷扬机与冷拉中线的距离不得少于 5m。

（2）冷拉场地应在两端地锚外侧设置警戒区,并应安装防护栏及醒目的警示标志。严禁非作业人员在此停留。操作人员在作业时必须离开钢筋 2m 以外。

（3）卷扬机操作人员必须看到指挥人员发出的信号,并待所有的人员离开危险区后方可作业。冷拉应缓慢、均匀。当有停车信号或有人进入危险区时,应立即停拉,并稍稍放松卷扬机钢丝绳。

（4）夜间作业的照明设施,应装设在张拉危险区外。当需要装设在场地上空时,其高度应超过 5m。灯泡应加防护罩。

8.圆盘锯安全操作要求

（1）锯片必须平整,锯齿尖锐,不得连续缺齿 2 个,裂纹长度不得超过 20mm。

（2）被锯木料厚度,以锯片能露出木料 10～20mm 为限。

（3）启动后,必须等待转速正常后,方可进行锯料。

（4）关料时,不得将木料左右晃动或者高抬,遇木节要慢送料。锯料长度不小于 500mm。接近端头时,应用推棍送料。

（5）若锯线走偏,应逐渐纠正,不得猛扳。

（6）操作人员不应站在锯片同一直线上操作。手臂不得跨越锯片工作。

9. 蛙式夯实机安全操作要求

（1）夯实作业时，应一人扶夯，一人传递电缆线，且必须戴绝缘手套和穿绝缘鞋。电缆线不得扭结或缠绕，且不得张拉过紧，应保持有 3～4m 的余量。移动时，应将电缆线移至夯机后方，不得隔机扔电缆线，当转向困难时，应停机调整。

（2）作业时，手握扶手应保持机身平衡，不得用力向后压，并应随时调整行进方向。转弯时不宜用力过猛，不得急转弯。

（3）夯实填高土方时，应在边缘以内 100～150mm 夯实 2～3 遍后，再夯实边缘。

（4）在较大基坑作业时，不得在斜坡上夯行，应避免造成夯头后折。

（5）夯实房心土时，夯板应避开房心地下构筑物、钢筋混凝土基桩、机座及地下管道等。

（6）在建筑物内部作业时，夯板或偏心块不得打在墙壁上。

（7）多机作业时，机平列间距不得小于 5m，前后间距不得小于 10m。

（8）夯机前进方向和夯机四周 1m 范围内，不得站立非操作人员。

10. 振动冲击夯安全操作要求

（1）内燃冲击夯启动后，内燃机应慢速运转 3～5min，然后逐渐加大油门，待夯机跳动稳定后，方可作业。

（2）电动冲击夯在接通电源启动后，应检查电动机旋转方向，有错误时应倒换相联系线。

（3）作业时应正确掌握夯机，不得倾斜，手把不宜握得过紧，能控制夯机前进速度即可。

(4)正常作业时,不得使劲往下压手把,以免影响夯机跳起高度。在较松的填料上作业或上坡时,可将手把稍向下压,增加夯机前进速度。

(5)电动冲击夯操作人员必须戴绝缘手套,穿绝缘鞋。作业时,电缆线不应拉得过紧,应经常检查线头安装,不得松动及引起漏电。严禁冒雨作业。

11. 潜水泵安全操作要求

(1)潜水泵宜先装在坚固的篮筐里再放入水中,亦可在水中将泵的四周设立坚固的防护围网。泵应直立于水中,水深不得小于 0.5m,不得在含有泥沙的水中使用。

(2)潜水泵放入水中或提出水面时,应先切断电源,严禁拉拽电缆或出水管。

(3)潜水泵应装设保护接零和漏电保护装置,工作时泵周围 30m 以内水面,不得有人、畜进入。

(4)应经常观察水位变化,叶轮中心至水平距离应在 0.5～3.0m 之间,泵体不得陷入污泥或露出水面。电缆不得与井壁、池壁相擦。

(5)每周应测定一次电动机定子绕组的绝缘电阻,其值应无下降。

12. 交流电焊机安全操作要求

(1)外壳必须有保护接零,应有二次空载降压保护器和触电保护器。

(2)电源应使用自动开关,接线板应无损坏,有防护罩。一次线长度不超过 5m,二次线长度不得超过 30m。

(3)焊接现场 10m 范围内,不得有易燃、易爆物品。

(4)雨天不得室外作业。在潮湿地点焊接时,要站在胶板或其他绝缘材料上。

(5)移动电焊机时,应切断电源,不得用拖拉电缆的方法移动。当焊接中突然停电时,应立即切断电源。

13.气焊设备安全操作要求

(1)氧气瓶与乙炔瓶使用时的间距不得小于 5m,存放时的间距不得小于 3m,并且距高温、明火等不得小于 10m;达不到上述要求时,应采取隔离措施。

(2)乙炔瓶存放和使用必须立放,严禁倒放。

(3)在移动气瓶时,应使用专门的抬架或小推车;严禁氧气瓶与乙炔瓶混合搬运;禁止直接使用钢丝绳、链条捆绑搬运。

(4)开关气瓶应使用专用工具。

(5)严禁敲击、碰撞气瓶,作业人员工作时不得吸烟。

第4部分　相关法律法规及务工常识

一、相关法律法规（摘录）

1. 中华人民共和国建筑法（摘录）

第三十六条　建筑工程安全生产管理必须坚持安全第一、预防为主的方针，建立健全安全生产的责任制度和群防群治制度。

第四十四条　建筑施工企业必须依法加强对建筑安全生产的管理，执行安全生产责任制度，采取有效措施，防止伤亡和其他安全生产事故的发生。

建筑施工企业的法定代表人对本企业的安全生产负责。

第四十六条　建筑施工企业应当建立健全劳动安全生产教育培训制度，加强对职工安全生产的教育培训；未经安全生产教育培训的人员，不得上岗作业。

第四十七条　建筑施工企业和作业人员在施工过程中，应当遵守有关安全生产的法律、法规和建筑行业安全规章、规程，不得违章指挥或者违章作业。作业人员有权对影响人身健康的作业程序和作业条件提出改进意见，有权获得安全生产所需的防护用品。作业人员对危及生命安全和人身健康的行为有权提出批评、检举和控告。

第四十八条　建筑施工企业应当依法为职工参加工伤保险，缴纳工伤保险费，鼓励企业为从事危险作业的职工办理意外伤害保险,支付保险费。

第五十一条　施工中发生事故时,建筑施工企业应当采取紧急措施减少人员伤亡和事故损失,并按照国家有关规定及时向有关部门报告。

❣ 2. 中华人民共和国劳动法(摘录)

第三条　劳动者享有平等就业和选择职业的权利、取得劳动报酬的权利、休息休假的权利、获得劳动安全卫生保护的权利、接受职业技能培训的权利、享受社会保险和福利的权利、提请劳动争议处理的权利以及法律规定的其他劳动权利。劳动者应当完成劳动任务,提高职业技能,执行劳动安全卫生规程,遵守劳动纪律和职业道德。

第十五条　禁止用人单位招用未满十六周岁的未成年人。

第十六条　劳动合同是劳动者与用人单位确立劳动关系、明确双方权利和义务的协议。

建立劳动关系应当订立劳动合同。

第五十四条　用人单位必须为劳动者提供符合国家规定的劳动安全卫生条件和必要的劳动防护用品,对从事有职业危害作业的劳动者应当定期进行健康检查。

第五十五条　从事特种作业的劳动者必须经过专门培训并取得特种作业资格。

第五十六条　劳动者在劳动过程中必须严格遵守安全操作规程。劳动者对用人单位管理人员违章指挥、强令冒险作业,有权拒绝执行;对危害生命安全和身体健康的行为,有权提出批评、检举和控告。

第五十八条　国家对女职工和未成年工实行特殊劳动保护。

未成年工是指年满十六周岁、未满十八周岁的劳动者。

第六十八条　用人单位应当建立职业培训制度,按照国家规定提取和使用职业培训经费,根据本单位实际,有计划地对劳动者进行职业培训。从事技术工种的劳动者,上岗前必须经过培训。

第七十二条　用人单位和劳动者必须依法参加社会保险,缴纳社会保险费。

第七十七条　用人单位与劳动者发生劳动争议,当事人可以依法申请调解、仲裁、提起诉讼,也可协商解决。调解原则适用于仲裁和诉讼程序。

3. 中华人民共和国安全生产法(摘录)

第六条　生产经营单位的从业人员有依法获得安全生产保障的权利,并应当依法履行安全生产方面的义务。

第十七条　生产经营单位应当具备本法和有关法律、行政法规和国家标准或者行业标准规定的安全生产条件;不具备安全生产条件的,不得从事生产经营活动。

第十八条　生产经营单位的主要负责人对本单位安全生产工作负有下列职责:

(一)建立、健全本单位安全生产责任制;

(二)组织制定本单位安全生产规章制度和操作规程;

(三)组织制定并实施本单位安全生产教育和培训计划;

(四)保证本单位安全生产投入的有效实施;

(五)督促、检查本单位的安全生产工作,及时消除生产安全事故隐患;

(六)组织制定并实施本单位的生产安全事故应急救援预案;

（七）及时、如实报告生产安全事故。

第二十五条　生产经营单位应当对从业人员进行安全生产教育和培训，保证从业人员具备必要的安全生产知识，熟悉有关的安全生产规章制度和安全操作规程，掌握本岗位的安全操作技能，了解事故应急处理措施，知悉自身在安全生产方面的权利和义务。未经安全生产教育和培训合格的从业人员，不得上岗作业。

第二十七条　生产经营单位的特种作业人员必须按照国家有关规定经专门的安全作业培训，取得相应资格，方可上岗作业。

特种作业人员的范围由国务院安全生产监督管理部门会同国务院有关部门确定。

第四十一条　生产经营单位应当教育和督促从业人员严格执行本单位的安全生产规章制度和安全操作规程；并向从业人员如实告知作业场所和工作岗位存在的危险因素、防范措施以及事故应急措施。

第四十二条　生产经营单位必须为从业人员提供符合国家标准或者行业标准的劳动防护用品，并监督、教育从业人员按照使用规则佩戴、使用。

第四十四条　生产经营单位应当安排用于配备劳动防护用品、进行安全生产培训的经费。

第四十八条　生产经营单位必须依法参加工伤保险，为从业人员缴纳保险费。

国家鼓励生产经营单位投保安全生产责任保险。

第四十九条　生产经营单位与从业人员订立的劳动合同，应当载明有关保障从业人员劳动安全、防止职业危害的事项，以及依法为从业人员办理工伤保险的事项。

生产经营单位不得以任何形式与从业人员订立协议,免除或者减轻其对从业人员因生产安全事故伤亡依法应承担的责任。

第五十条　生产经营单位的从业人员有权了解其作业场所和工作岗位存在的危险因素、防范措施及事故应急措施,有权对本单位的安全生产工作提出建议。

第五十一条　从业人员有权对本单位安全生产工作中存在的问题提出批评、检举、控告,有权拒绝违章指挥和强令冒险作业。

生产经营单位不得因从业人员对本单位安全生产工作提出批评、检举、控告或者拒绝违章指挥、强令冒险作业而降低其工资、福利等待遇,或者解除与其订立的劳动合同。

第五十二条　从业人员发现直接危及人身安全的紧急情况时,有权停止作业或者在采取可能的应急措施后撤离作业场所。

生产经营单位不得因从业人员在前款紧急情况下停止作业或者采取紧急撤离措施而降低其工资、福利等待遇或者解除与其订立的劳动合同。

第五十三条　因生产安全事故受到损害的从业人员,除依法享有工伤保险外,依照有关民事法律尚有获得赔偿的权利的,有权向本单位提出赔偿要求。

第五十四条　从业人员在作业过程中,应当严格遵守本单位的安全生产规章制度和操作规程,服从管理,正确佩戴和使用劳动防护用品。

第五十五条　从业人员应当接受安全生产教育和培训,掌握本职工作所需的安全生产知识,提高安全生产技能,增强事故预防和应急处理能力。

第五十六条　从业人员发现事故隐患或者其他不安全因

素,应当立即向现场安全生产管理人员或者本单位负责人报告;接到报告的人员应当及时予以处理。

4.建设工程安全生产管理条例(摘录)

第十八条　施工起重机械和整体提升脚手架、模板等自升式架设设施的使用达到国家规定的检验、检测期限的,必须经具有专业资质的检验、检测机构检测。经检测不合格的,不得继续使用。

第二十五条　垂直运输机械作业人员、安装拆卸工、爆破作业人员、起重信号工、登高架设作业人员等特种作业人员,必须按照国家有关规定经过专门的安全作业培训,并取得特种作业操作资格证书后,方可上岗作业。

第二十七条　建设工程施工前,施工单位负责项目管理的技术人员应当对有关安全施工的技术要求向施工作业班组、作业人员做出详细说明,并由双方签字确认。

第二十八条　施工单位应当在施工现场入口处、施工起重机械、临时用电设施、脚手架、出入通道口、楼梯口、电梯井口、孔洞口、桥梁口、隧道口、基坑边沿、爆破物及有害危险气体和液体存放处等危险部位,设置明显的安全警示标志。安全标志必须符合国家标准。

第二十九条　施工单位应当将施工现场的办公、生活区与作业区分开设置,并保持安全距离;办公、生活区的选择应当符合安全性要求。职工的膳食、饮水、休息场所等应当符合卫生标准。施工单位不得在尚未竣工的建筑物内设置员工集体宿舍。

施工现场临时搭建的建筑物应当符合安全使用要求。施工现场使用的装配式活动房屋应当具有产品合格证。

第三十二条　施工单位应当向作业人员提供安全防护用具

和安全防护服装,并书面告知危险岗位的操作规程和违章操作的危害。

作业人员有权对施工现场的作业条件、作业程序和作业方式中存在的安全问题提出批评、检举和控告,有权拒绝违章指挥和强令冒险作业。

在施工中发生危及人身安全的紧急情况时,作业人员有权立即停止作业或者在采取必要的应急措施后撤离危险区域。

第三十三条　作业人员应当遵守安全施工的强制性标准、规章制度和操作规程,正确使用安全防护用具、机械设备等。

第三十六条　施工单位应当对管理人员和作业人员每年至少进行一次安全生产教育培训,其教育培训情况记入个人工作档案。安全生产教育培训考核不合格的人员,不得上岗。

第三十七条　作业人员进入新的岗位或者新的施工现场前,应当接受安全生产教育培训。未经教育培训或者教育培训考核不合格的人员,不得上岗作业。

施工单位在采用新技术、新工艺、新设备、新材料时,应当对作业人员进行相应的安全生产教育培训。

第三十八条　施工单位应当为施工现场从事危险作业的人员办理意外伤害保险。

意外伤害保险费由施工单位支付。

5. 工伤保险条例(摘录)

第二条　中华人民共和国境内的企业、事业单位、社会团体、民办非企业单位、基金会、律师事务所、会计师事务所等组织和有雇工的个体工商户(以下称用人单位)应当依照本条例规定参加工伤保险,为本单位全部职工或者雇工(以下称职工)缴纳工伤保险费。

中华人民共和国境内的企业、事业单位、社会团体、民办非企业单位、基金会、律师事务所、会计师事务所等组织的职工和个体工商户的雇工,均有依照本条例的规定享受工伤保险待遇的权利。

第十条 用人单位应当按时缴纳工伤保险费。职工个人不缴纳工伤保险费。

第二十一条 职工发生工伤,经治疗伤情相对稳定后存在残疾、影响劳动能力的,应当进行劳动能力鉴定。

第三十条 职工因工作遭受事故伤害或者患职业病进行治疗,享受工伤医疗待遇……

二、务工就业及社会保险

1. 劳动合同

(1)用人单位应当依法与劳动者签订劳动合同。

劳动合同是劳动者与用人单位确立劳动关系、明确双方权利和义务的协议。建立劳动关系应当订立劳动合同。订立和变更劳动合同,应遵循平等自愿、协商一致的原则,不得违反法律、行政法规的规定。劳动合同应当具备以下必备条款:

①劳动合同期限。即劳动合同的有效时间。

②工作内容。即劳动者在劳动合同有效期内所从事的工作岗位(工种),以及工作应达到的数量、质量指标或者应当完成的任务。

③劳动保护和劳动条件。即为了保障劳动者在劳动过程中的安全、卫生及其他劳动条件,用人单位根据国家有关法律、法规而采取的各项保护措施。

④劳动报酬。即在劳动者提供了正常劳动的情况下,用人

单位应当支付的工资。

⑤劳动纪律。即劳动者在劳动过程中必须遵守的工作秩序和规则。

⑥劳动合同终止的条件。即除了期限以外其他由当事人约定的特定法律事实,这些事实一出现,双方当事人之间的权利义务关系终止。

⑦违反劳动合同的责任。即当事人不履行劳动合同或者不完全履行劳动合同,所应承担的相应法律责任。

(2)试用期应包括在劳动合同期限之中。

根据《中华人民共和国劳动法》(以下简称《劳动法》)规定,用人单位与劳动者签订的劳动合同期限可以分为三类:

①有固定期限,即在合同中明确约定效力期间,期限可长可短,长到几年、十几年,短到一年或者几个月。

②无固定期限,即劳动合同中只约定了起始日期,没有约定具体终止日期。无固定期限劳动合同可以依法约定终止劳动合同条件,在履行中只要不出现约定的终止条件或法律规定的解除条件,一般不能解除或终止,劳动关系可以一直存续到劳动者退休为止。

③以完成一定的工作为期限,即以完成某项工作或者某项工程为有效期限,该项工作或者工程一经完成,劳动合同即终止。

签订劳动合同可以不约定试用期,也可以约定试用期,但试用期最长不得超过 6 个月。劳动合同期限在 6 个月以下的,试用期不得超过 15 日;劳动合同期限在 6 个月以上 1 年以下的,试用期不得超过 30 日;劳动合同期限在 1 年以上 2 年以下的,试用期不得超过 60 日。试用期包括在劳动合同期限中。非全日制劳动合同,不得约定试用期。

（3）订立劳动合同时，用人单位不得向劳动者收取定金、保证金或扣留居民身份证。

根据劳动保障部《劳动力市场管理规定》，禁止用人单位招用人员时向求职者收取招聘费用、向被录用人员收取保证金或抵押金、扣押被录用人员的身份证等证件。用人单位违反规定的，由劳动保障行政部门责令改正，并可处以 1000 元以下罚款；对当事人造成损害的，应承担赔偿责任。

（4）劳动者不必履行无效的劳动合同。

①无效的劳动合同是指不具有法律效力的劳动合同。根据《劳动法》的规定，下列劳动合同无效：

a. 违反法律、行政法规的劳动合同。

b. 采取欺诈、威胁等手段订立的劳动合同。劳动合同的无效，由劳动争议仲裁委员会或者人民法院确认。无效的劳动合同，从订立的时候起，就没有法律约束力。也就是说，劳动者自始至终都无须履行无效劳动合同。确认劳动合同部分无效的，如果不影响其余部分的效力，其余部分仍然有效。

②由于用人单位的原因订立的无效合同，对劳动者造成损害的，应当承担赔偿责任。具体包括：

a. 造成劳动者工资收入损失的，按劳动者本人应得工资收入支付给劳动者，并加付应得工资收入 25％的赔偿费用。

b. 造成劳动者劳动保护待遇损失的，应按国家规定补足劳动者的劳动保护津贴和用品。

c. 造成劳动者工伤、医疗待遇损失的，除按国家规定为劳动者提供工伤、医疗待遇外，还应支付劳动者相当于医疗费用 25％的赔偿费用。

d. 造成女职工和未成年工身体健康损害的，除按国家规定提供治疗期间的医疗待遇外，还应支付相当于其医疗费用 25％

的赔偿费用。

e. 劳动合同约定的其他赔偿费用。

（5）用人单位不得随意变更劳动合同。

劳动合同的变更，是指劳动关系双方当事人就已订立的劳动合同的部分条款达成修改、补充或者废止协定的法律行为。《劳动法》规定，变更劳动合同，应当遵循平等自愿、协商一致的原则，不得违反法律、行政法规的规定。经双方协商同意依法变更后的劳动合同继续有效，对双方当事人都有约束力。

（6）解除劳动合同应当符合《劳动法》的规定。

劳动合同的解除，是指劳动合同有效成立后至终止前这段时期内，当具备法律规定的劳动合同解除条件时，因用人单位或劳动者一方或双方提出，而提前解除双方的劳动关系。根据《劳动法》的规定，劳动者可以和用人单位协商解除劳动合同，也可以在符合法律规定的情况下单方解除劳动合同。

①劳动者单方解除。

a.《劳动法》第三十一条规定：劳动者解除劳动合同，应当提前三十日以书面形式通知用人单位。这是劳动者解除劳动合同的条件和程序。劳动者提前三十日以书面形式通知用人单位解除劳动合同，无须征得用人单位的同意，用人单位应及时办理有关解除劳动合同的手续。但由于劳动者违反劳动合同的有关约定而给用人单位造成经济损失的，应依据有关规定和劳动合同的约定，由劳动者承担赔偿责任。

b.《劳动法》第三十二条规定：有下列情形之一的，劳动者可以随时通知用人单位解除劳动合同：

（a）在试用期内的；

（b）用人单位以暴力、威胁或者非法限制人身自由的手段强迫劳动的；

(c)用人单位未按照劳动合同约定支付劳动报酬或者提供劳动条件的。

②用人单位单方解除。

a.《劳动法》第二十五条规定,劳动者有下列情形之一的,用人单位可以解除劳动合同:

(a)在试用期间被证明不符合录用条件的;

(b)严重违反劳动纪律或者用人单位规章制度的;

(c)严重失职、营私舞弊,对用人单位利益造成重大损害的;

(d)被依法追究刑事责任的。

b.《劳动法》第二十六条规定:有下列情形之一的,用人单位可以解除劳动合同,但是应当提前三十日以书面形式通知劳动者本人:

(a)劳动者患病或者非因工负伤,医疗期满后,既不能从事原工作也不能从事由用人单位另行安排的工作的;

(b)劳动者不能胜任工作,经过培训或者调整工作岗位,仍不能胜任工作的;

(c)劳动合同订立时所依据的客观情况发生重大变化,致使原劳动合同无法履行,经当事人协商不能就变更劳动合同达成协议的。

c.《劳动法》第二十七条规定:用人单位濒临破产进行法定整顿期间或者生产经营状况发生严重困难,确需裁减人员的,应当提前三十日向工会或者全体职工说明情况,听取工会或者职工的意见,经向劳动保障行政部门报告后,可以裁减人员。并且规定,用人单位自裁减人员之日起六个月内录用人员的,应当优先录用被裁减的人员。

(7)用人单位解除劳动合同应当依法向劳动者支付经济补偿金。

根据《劳动法》规定,在下列情况下,用人单位解除与劳动者的劳动合同,应当根据劳动者在本单位的工作年限,每满一年发给相当于一个月工资的经济补偿金:

①经劳动合同当事人协商一致,由用人单位解除劳动合同的。

②劳动者不能胜任工作,经过培训或者调整工作岗位仍不能胜任工作,由用人单位解除劳动合同的。

以上两种情况下支付经济补偿金,最多不超过 12 个月。

③劳动合同订立时所依据的客观情况发生了重大变化,致使原劳动合同无法履行,经当事人协商不能就变更劳动合同达成协议,由用人单位解除劳动合同的。

④用人单位濒临破产进行法定整顿期间或者生产经营状况发生严重困难,必须裁减人员,由用人单位解除劳动合同的。

⑤劳动者患病或者非因工负伤,经劳动鉴定委员会确认不能从事原工作,也不能从事用人单位另行安排的工作而解除劳动合同的;在这类情况下,同时应发给不低于 6 个月工资的医疗补助费。劳动者患重病或者绝症的还应增加医疗补助费,患重病的增加部分不低于医疗补助费的 50%,患绝症的增加部分不低于医疗补助费的 100%。

另外,用人单位解除劳动者劳动合同后,未按以上规定给予劳动者经济补偿的,除必须全额发给经济补偿金外,还须按欠发经济补偿金数额的 50% 支付额外经济补偿金。

经济补偿金应当一次性发给。劳动者在本单位工作时间不满一年的按一年的标准计算。计算经济补偿金的工资标准是企业正常生产情况下,劳动者解除合同前 12 个月的月平均工资;在以上第③、④、⑤类情况下,给予经济补偿金的劳动者月平均工资低于企业月平均工资的,应按企业月平均工资支付。

(8)用人单位不得随意解除劳动合同。

《劳动法》及《违反〈劳动法〉有关劳动合同规定的赔偿办法》(劳部发[1995]223 号)规定,用人单位不得随意解除劳动合同。用人单位违法解除劳动合同的,由劳动保障行政部门责令改正;对劳动者造成损害的,应当承担赔偿责任。具体赔偿标准是:

①造成劳动者工资收入损失的,按劳动者本人应得工资收入支付劳动者,并加付应得工资收入 25%的赔偿费用。

②造成劳动者劳动保护待遇损失的,应按国家规定补足劳动者的劳动保护津贴和用品。

③造成劳动者工伤、医疗待遇损失的,除按国家规定为劳动者提供工伤、医疗待遇外,还应支付劳动者相当于医疗费用25%的赔偿费用。

④造成女职工和未成年工身体健康损害的,除按国家规定提供治疗期间的医疗待遇外,还应支付相当于其医疗费用25%的赔偿费用。

⑤劳动合同约定的其他赔偿费用。

2. 工资

(1)用人单位应该按时足额支付工资。

《劳动法》中的"工资"是指用人单位依据国家有关规定或劳动合同的约定,以货币形式直接支付给本单位劳动者的劳动报酬,一般包括计时工资、计件工资、奖金、津贴和补贴、延长工作时间的工资报酬以及特殊情况下支付的工资等。

(2)用人单位不得克扣劳动者工资。

《劳动法》以及《违反〈中华人民共和国劳动法〉行政处罚办法》等规定,用人单位不得克扣劳动者工资。用人单位克扣劳动者工资的,由劳动保障行政部门责令支付劳动者的工资报酬,并加发相当于工资报酬 25％的经济补偿金。并可责令用人单位按相当于支付劳动者工资报酬、经济补偿总和的一至五倍支付劳动者赔偿金。

"克扣工资"是指用人单位无正当理由扣减劳动者应得工资（即在劳动者已提供正常劳动的前提下，用人单位按劳动合同规定的标准应当支付给劳动者的全部劳动报酬）。

（3）用人单位不得无故拖欠劳动者工资。

《劳动法》以及《违反〈中华人民共和国劳动法〉行政处罚办法》等规定，用人单位无故拖欠劳动者工资的，由劳动保障行政部门责令支付劳动者的工资报酬，并加发相当于工资报酬 25％的经济补偿金。并可责令用人单位按相当于支付劳动者工资报酬、经济补偿总和的一至五倍支付劳动者赔偿金。

"无故拖欠工资"是指用人单位无正当理由超过规定付薪时间未支付劳动者工资。

（4）农民工工资标准。

①在劳动者提供正常劳动的情况下，用人单位支付的工资不得低于当地最低工资标准。

根据《劳动法》、劳动保障部《最低工资规定》等规定，在劳动者提供正常劳动的情况下，用人单位应支付给劳动者的工资在剔除下列各项以后，不得低于当地最低工资标准：

a. 延长工作时间工资。

b. 中班、夜班、高温、低温、井下、有毒有害等特殊工作环境条件下的津贴。

c. 法律、法规和国家规定的劳动者福利待遇等。

实行计件工资或提成工资等工资形式的用人单位，在科学合理的劳动定额基础上，其支付劳动者的工资不得低于相应的最低工资标准。

　　用人单位违反以上规定的,由劳动保障行政部门责令其限期补发所欠劳动者工资,并可责令其按所欠工资的一至五倍支付劳动者赔偿金。

　　②在非全日制劳动者提供正常劳动的情况下,用人单位支付的小时工资不得低于当地小时工资最低标准。

　　劳动保障部《最低工资规定》《关于非全日制用工若干问题的意见》规定,非全日制用工是指以小时计酬、劳动者在同一用人单位平均每日工作时间不超过5h、累计每周工作时间不超过30h的用工形式。用人单位应当按时足额支付非全日制劳动者的工资,具体可以按小时、日、周或月为单位结算。在非全日制劳动者提供正常劳动的情况下,用人单位支付的小时工资不得低于当地小时工资最低标准。非全日制用工的小时工资最低标准由省、自治区、直辖市规定。

　　③用人单位安排劳动者加班加点应依法支付加班加点工资。

　　《劳动法》以及《违反〈中华人民共和国劳动法〉行政处罚办法》等规定,用人单位安排劳动者加班加点应依法支付加班加点工资。用人单位拒不支付加班加点工资的,由劳动保障行政部门责令支付劳动者的工资报酬,并加发相当于工资报酬25%的经济补偿金。并可责令用人单位按相当于支付劳动者工资报酬、经济补偿总和的一至五倍支付劳动者赔偿金。

　　劳动者日工资可统一按劳动者本人的月工资标准除以每月制度工作天数进行折算。职工全年月平均工作天数和工作时间分别为20.92天和167.4h,职工的日工资和小时工资按此进行折算。

3. 社会保险

　　(1)农民工有权参加基本医疗保险。

　　根据国家有关规定,各地要逐步将与用人单位形成劳动关系的农村进城务工人员纳入医疗保险范围。根据农村进城务工人员的特点和医疗需求,合理确定缴费率和保障方式,解决他们在务工期间的大病医疗保障问题,用人单位要按规定为其缴纳医疗保险费。对在城镇从事个体经营等灵活就业的农村进城务工人员,可以按照灵活就业人员参保的有关规定参加医疗保险。据此,在已经将农民工纳入医疗保险范围的地区,农民工有权参加医疗保险,用人单位和农民工本人应依法缴纳医疗保险费,农民工患病时,可以按照规定享受有关医疗保险待遇。

(2)农民工有权参加基本养老保险。

按照国务院《社会保险费征缴暂行条例》等有关规定,基本养老保险覆盖范围内的用人单位的所有职工,包括农民工,都应该参加养老保险,履行缴费义务。参加养老保险的农民合同制职工,在与企业终止或解除劳动关系后,由社会保险经办机构保留其养老保险关系,保管其个人账户并计息。凡重新就业的,应接续或转移养老保险关系;也可按照省级政府的规定,根据农民合同制职工本人申请,将其个人账户个人缴费部分一次性支付给本人,同时终止养老保险关系。农民合同制职工在男年满 60 周岁、女年满 55 周岁时,累计缴费年限满 15 年以上的,可按规定领取基本养老金;累计缴费年限不满 15 年的,其个人账户全部储存额一次性支付给本人。

(3)农民工有权参加失业保险。

根据《失业保险条例》规定,城镇企业事业单位招用的农民合同制工人应该参加失业保险,用人单位按规定为农民工缴纳社会保险费,农民合同制工人本人不缴纳失业保险费。单位招用的农民合同制工人连续工作满 1 年,本单位并已缴纳失业保险费,劳动合同期满未续订或者提前解除劳动合同的,由社会保险经办机构根据其工作时间长短,对其支付一次性生活补助。

补助的办法和标准由省、自治区、直辖市人民政府规定。

（4）用人单位应依法为农民工参加生育保险。

目前我国的生育保险制度还没有普遍建立,各地工作进展不平衡。从各地制定的规定看,有的地区没有将农民工纳入生育保险覆盖范围,有的地区则将农民工纳入了生育保险覆盖范围。如果农民工所在地区将农民工纳入了生育保险覆盖范围,农民工所在单位应按规定为农民工参加生育保险并缴纳生育保险费,符合规定条件的生育农民工依法享受生育保险待遇。

（5）劳动争议与调解处理。

劳动争议,也称劳动纠纷,就是指劳动关系当事人双方(用人单位和劳动者)之间因执行劳动法律、法规或者履行劳动合同以及其他劳动问题而发生劳动权利与义务方面的纠纷。

①劳动争议的范围。劳动争议的内容,是指劳动合同关系中当事人的权利与义务。所以,用人单位与劳动者之间发生的争议不都是劳动争议。只有在争议涉及劳动关系双方当事人在劳动关系中的权利和义务时,它才是劳动争议。劳动争议包括:因开除、除名、辞退职工和职工辞职、自动离职发生的争议;因执行国家有关工资、保险、福利、培训、劳动保护的规定发生的争议;因履行劳动合同发生的争议等。

②劳动争议处理机构。我国的劳动争议处理机构主要有:企业劳动争议调解委员会、各级政府劳动争议仲裁委员会和人民法院。根据《劳动法》等的规定:在用人单位内可以设劳动争议调解委员会,负责调解本单位的劳动争议;在县、市、市辖区应当设立劳动争议仲裁委员会;各级人民法院的民事审判庭负责劳动争议案件的审理工作。

③劳动争议的解决方法。根据我国有关法律、法规的规定,解决劳动争议的方法如下:

a. 协商。劳动争议发生后，双方当事人应当先进行协商，以达成解决方案。

b. 调解。就是企业调解委员会对本单位发生的劳动争议进行调解。从法律、法规的规定看，这并不是必经的程序。但它对于劳动争议的解决却起到很大作用。

c. 仲裁。劳动争议调解不成的，当事人可以向劳动争议仲裁委员会申请仲裁。当事人也可以直接向劳动争议仲裁委员会申请仲裁。当事人从知道或应当知道其权利被侵害之日起 60 日内，以书面形式向仲裁委员会申请仲裁。仲裁委员会应当自收到申请书之日起 7 日内做出受理或不予受理的决定。

d. 诉讼。当事人对仲裁裁决不服的，可以自收到仲裁裁决之日起 15 日内向人民法院起诉。人民法院民事审判庭受理和审理劳动争议案件。

④维护自身权益要注意法定时限。劳动者通过法律途径维护自身权益，一定要注意不能超过法律规定的时限。劳动者通过劳动争议仲裁、行政复议等法律途径维护自身合法权益，或者申请工伤认定、职业病诊断与鉴定等，一定要注意在法定的时限内提出申请。如果超过了法定时限，有关申请可能不会被受理，致使自身权益难以得到保护。主要的时限包括：

a. 申请劳动争议仲裁的，应当在劳动争议发生之日（即当事人知道或应当知道其权利被侵害之日）起 60 日内向劳动争议仲裁委员会申请仲裁。

b. 对劳动争议仲裁裁决不服、提起诉讼的，应当自收到仲裁裁决书之日起 15 日内，向人民法院提起诉讼。

c. 申请行政复议的，应当自知道该具体行政行为之日起 60 日内提出行政复议申请。

d. 对行政复议决定不服、提起行政诉讼的，应当自收到行政复议决定书之日起 15 日内,向人民法院提起行政诉讼。

　　e.直接向人民法院提起行政诉讼的,应当在知道做出具体行政行为之日起 3 个月内提出,法律另有规定的除外。因不可抗力或者其他特殊情况耽误法定期限的,在障碍消除后的 10 日内,可以申请延长期限,由人民法院决定。

　　f.申请工伤认定的,所在单位应当自事故伤害发生之日或者被诊断、鉴定为职业病之日起 30 日内,向统筹地区劳动保障行政部门提出工伤认定申请。遇有特殊情况,经报劳动保障行政部门同意,申请时限可以适当延长。用人单位未按前款规定提出工伤认定申请的,工伤职工或者其直系亲属、工会组织在事故伤害发生之日或者被诊断、鉴定为职业病之日起 1 年内,可以直接向用人单位所在地统筹地区劳动保障行政部门提出工伤认定申请。

三、工人健康卫生知识

1.常见疾病的预防和治疗

　　(1)流行性感冒。

　　①流行性感冒的传播方式。流行性感冒简称流感,是由流感病毒引起的一种急性呼吸道传染病。流感的传染源主要是患者,病后 1～7 天均有传染性。流感主要通过呼吸道传播,传染性很强,常引起流行。一般常突然发生,迅速蔓延,患者数多。

　　提示:发生流行性感冒时应注意与病人保持一定距离,以免被传染。

　　②流行性感冒的症状。流感的症状与感冒类似,主要是发热及上呼吸道感染症状,如咽痛、鼻塞、流鼻涕、打喷嚏、咳嗽等。流感的全身症状重,而局部症状很轻。

③流行性感冒的预防。

a. 最主要的是注射流感疫苗，疫苗应于流感流行前 1～2 个月注射。因流感冬季易发，故常于每年 10 月左右进行注射。

b. 应当尽量避免接触病人，流行期间不到人多的地方去。

c. 增强身体抵抗力最重要，生活规律、适当锻炼、合理营养、精神愉快非常关键。

d. 避免过累、精神紧张、着凉、酗酒等。

（2）细菌性痢疾。

①细菌性痢疾的传播方式。细菌性痢疾（简称菌痢），是夏秋季节最常见的急性肠道传染病，由痢疾杆菌引起，以结肠化脓性炎症为主要病变。菌痢主要通过粪－口途径传播，即患者大便中的痢疾杆菌可以污染手、食物、水、蔬菜、水果等而进入口中引起感染。细菌性痢疾终年均有发生，但多流行于夏秋季节。人群对此病普遍易感，幼儿及青壮年发病率较高。

②细菌性痢疾的症状。细菌性痢疾病情可轻可重，轻者仅有轻度腹泻，重者可有发热、全身不适、乏力、恶心、呕吐、腹痛、腹泻。腹泻次数由一日数次至十数次不等，患者常有老想解大便可总也解不干净的感觉（里急后重），患者大便中常有黏液，重者有脓血。

③细菌性痢疾的预防。

a. 做好痢疾患者的粪便、呕吐物的消毒处理，管理好水源，防止病菌污染水源、土壤及农作物；患者使用过的厕所、餐具等也应消毒。

b. 不喝生水，不生吃水产品，蔬菜要洗净、炒熟再吃，水果应洗净削皮后食用。

c. 养成饭前、便后洗手的习惯，不吃被苍蝇、蟑螂叮咬过或爬过的食物，积极做好灭苍蝇、灭蟑螂工作。

d. 加强体育锻炼,增强体质。

重点:注意个人卫生,养成饭前、便后洗手的习惯。

(3)食物中毒。

①细菌性食物中毒的传播方式。细菌性食物中毒是由于进食被细菌或细菌毒素污染的食物而引起的急性感染中毒性疾病。细菌性食物中毒是典型的肠道传染病,发生原因主要有以下几个方面:

a. 食物在宰杀或收割、运输、储存、销售等过程中受到病菌的污染。

b. 被致病菌污染的食物在较高的温度下存放,食品中充足的水分、适宜的酸碱度及营养条件使致病菌大量繁殖或产生毒素。

c. 食品在食用前未烧透或熟食受到生食交叉污染。

d. 在缺氧环境中(如罐头等)肉毒杆菌产生毒素。

②细菌性食物中毒的症状。胃肠型细菌性食物中毒是食物中毒中最常见的一种,是由于食用了被细菌或细菌毒素污染的食物所引起的。绝大多数患者表现为胃肠炎的症状,如恶心、呕吐、腹痛、腹泻、排水样便等。腹泻一天数次到数十次不等,多数是稀水样便,个别人可有黏液血便、血水样便等,极少数患者可以发生败血症。

③细菌性食物中毒的预防。

a. 防止食品污染。加强对污染源的管理,做好牲畜屠宰前后的卫生检验,防止感染;对海鲜类食品应加强管理,防止污染其他食品;要严防食品加工、贮存、运输、销售过程中被病原体污染;食品容器、刀具等应严格生熟分开使用,做好消毒工作,防止交叉污染;生产场所、厨房、食堂等要有防蝇、防鼠设备;严格遵守饮食行业和炊事人员的个人卫生制度;患化脓性病症和上呼吸道感染的患者,在治愈前不应参加接触食品的工作。

b.控制病原体繁殖及外毒素的形成。食品应低温保存或放在阴凉通风处,食品中加盐量达 10%也可有效控制细菌繁殖及毒素形成。

c.彻底加热杀灭细菌及破坏毒素。这是防止食物中毒的重要措施,要彻底杀灭肉中的病原体,肉块不应太大,加热时其内部温度可以达到 80℃,这样持续 12min 就可将细菌杀死。

d.凡是食品在加工和保存过程中有厌氧环境存在,均应防止肉毒杆菌的污染,过期罐头——特别是产气罐头(其盖鼓起)均勿食用。

(4)病毒性肝炎。

①病毒性肝炎的类型。病毒性肝炎是由多种肝炎病毒引起的,以肝脏损害为主的一组全身性传染病。按病原体分类,目前已确定的有甲型肝炎、乙型肝炎、丙型肝炎、丁型肝炎、戊型肝炎。通过实验诊断排除上述类型的肝炎者,称为"非甲—戊型肝炎"。

②病毒性肝炎的传染源。

a.甲型肝炎无病毒携带状态,传染源为急性期患者和隐性感染者。粪便排毒期在起病前 2 周至血清转氨酶高峰期后 1 周,少数患者延长至病后 30 天。

b.乙型肝炎属于常见传染病,可通过母婴、血液和体液传播。传染源主要是急、慢性乙型肝炎患者和病毒携带者。急性患者在潜伏期末及急性期有传染性,但不超过 6 个月。慢性患者和病毒携带者作为传染源预防的意义重大。

c.丙型肝炎的传染源是急、慢性患者和无症状病毒携带者。

d.丁型肝炎的传染源与乙型肝炎相似。

e.戊型肝炎的传染源与甲型肝炎相似。

③病毒性肝炎的症状。

a. 疲乏无力、懒动、下肢酸困不适,稍加活动则难以支持。

b. 食欲不振、食欲减退、厌油、恶心、呕吐及腹胀,往往食后加重。

c. 部分病人尿黄、尿色如浓茶,大便色淡或灰白,腹泻或便秘。

d. 右上腹部有持续性腹痛,个别病人可呈针刺样或牵拉样疼痛,于活动、久坐后加重,卧床休息后可缓解,右侧卧时加重,左侧卧时减轻。

e. 医生检查可有肝脏肿大、压痛、肝区叩击痛、肝功能损害,部分病例出现发热及黄疸表现。

f. 血清谷丙转氨酶及血中总胆红素升高有助于诊断,也可进一步做血清免疫学检查及明确肝炎类型。

④病毒性肝炎的预防。病毒性肝炎预防应采取以切断传播途径为重点的综合性措施。

对甲型、戊型肝炎,重点抓好水源保护、饮水消毒、食品加工、粪便管理等,切断粪—口途径传播,注意个人卫生,饭前、便后洗手,不喝生水,生吃瓜果要洗净。对于急性病如甲型和戊型肝炎病人接触的易感人群,应注射人血丙种球蛋白,注射时间越早越好。

对乙型、丙型和丁型肝炎,重点在于防止通过血液和体液的传播,各种医疗及预防注射,应实行一人一针一管,对带血清的污染物应严格消毒,对血液和血液制品应严格检测。对学龄前儿童和密切接触者,应接种乙肝疫苗;乙肝疫苗和乙肝免疫球蛋白联合应用可有效地阻断母婴传播;医务人员在工作中因医疗意外或医疗操作不慎感染乙肝病毒,应立即注射免疫球蛋白。

2. 职业病的预防和治疗

（1）职业病定义。

所谓职业病,是指企业、事业单位和个体经济组织的劳动者在职业活动中,因接触粉尘、放射性物质和其他有毒、有害物质等因素而引起的疾病。对于患职业病的,我国法律规定,应属于工伤,享受工伤待遇。

（2）建筑企业常见的职业病。

①接触各种粉尘引起的尘肺病。

②电焊工尘肺、眼病。

③直接操作振动机械引起的手臂振动病。

④油漆工、粉刷工接触有机材料散发的不良气体引起的中毒。

⑤接触噪声引起的职业性耳聋。

⑥长期超时、超强度地工作,精神长期过度紧张造成相应职业病。

⑦高温中暑等。

（3）职业病鉴定与保障。

劳动者如果怀疑所得的疾病为职业病,应当及时到当地卫生部门批准的职业病诊断机构进行职业病诊断。对诊断结论有异议的,可以在 30 日内到市级卫生行政部门申请职业病诊断鉴定,鉴定后仍有异议的,可以在 15 日内到省级卫生行政部门申请再鉴定。被诊断、鉴定为职业病,所在单位应当自被诊断、鉴定为职业病之日起 30 日内,向统筹地区劳动保障行政部门提出工伤认定申请。

提示:劳动者日常需要注意收集与职业病相关的材料。

（4）职业病的诊断。

根据《中华人民共和国职业病防治法》(以下简称《职业病防治法》)和《职业病诊断与鉴定管理办法》的有关规定,具体程序为:

①职业病诊断应当由省级以上人民政府卫生行政部门批准的医疗卫生机构承担,劳动者可以在用人单位所在地或者本人居住地依法承担职业病诊断的医疗卫生机构进行职业病诊断。

②当事人申请职业病诊断时应当提供以下材料:

a. 职业史、既往史。

b. 职业健康监护档案复印件。

c. 职业健康检查结果。

d. 工作场所历年职业病危害因素检测、评价资料。

e. 诊断机构要求提供的其他必需的有关材料。

③职业病诊断应当依据职业病诊断标准,结合职业病危害接触史、工作场所职业病危害因素检测与评价、临床表现和医学检查结果等资料,综合做出分析。

④职业病诊断机构在进行职业病诊断时,应当组织三名以上取得职业病诊断资格的执业医师进行集体诊断。

⑤职业病诊断机构做出职业病诊断后,应当向当事人出具职业病诊断证明书。职业病诊断证明书应当明确是否患有职业病,对患有职业病的,还应当载明所患职业病的名称、程度(期别)、处理意见和复查时间。

⑥当事人对职业病诊断有异议的,在接到职业病诊断证明书之日起 30 日内,可以向做出诊断的医疗卫生机构所在地的市级卫生行政部门申请鉴定。

⑦当事人申请职业病诊断鉴定时,应当提供以下材料:

a. 职业病诊断鉴定申请书。

b. 职业病诊断证明书。

c.其他有关资料。职业病诊断鉴定办事机构应当自收到申请资料之日起10日内完成材料审核,对材料齐全的发给受理通知书;材料不全的,通知当事人补充。职业病诊断鉴定办事机构应当在受理鉴定之日起60日内组织鉴定。

⑧鉴定委员会应当认真审查当事人提供的材料,必要时可听取当事人的陈述和申辩,对被鉴定人进行医学检查,对被鉴定人的工作场所进行现场调查取证。

⑨职业病诊断鉴定书应当包括以下内容:

a.劳动者、用人单位的基本情况及鉴定事由。

b.参加鉴定的专家情况。

c.鉴定结论及其依据,如果为职业病,应当注明职业病名称、程度(期别)。

d.鉴定时间。职业病诊断鉴定书应当于鉴定结束之日起20日内由职业病诊断鉴定办事机构发送给当事人。

(5)劳动者有权利拒绝从事容易发生职业病的工作。

劳动者依法享有保持自己身体健康的权利,因此,对于是否选择从事存在职业病危害的工作,应当由劳动者依照其自己的意愿决定。而要使劳动者能够自行决定是否选择从事该工作,就应当保证劳动者对相关工作内容以及其可能带来的危害有一定的了解。正因为如此,《职业病防治法》规定:"用人单位与劳动者订立劳动合同(含聘用合同,下同)时,应当将工作过程中可能产生的职业病危害及其后果、职业病防护措施和待遇等如实告知劳动者,并在劳动合同中写明,不得隐瞒或者欺骗。""劳动者在已订立劳动合同期间因工作岗位或者工作内容变更,从事与所订立劳动合同中未告知的存在职业病危害的作业时,用人单位应当依照前款规定,向劳动者履行如实告知的义务,并协商变更原劳动合同相关条款。""用人单位违反前两款规定的,劳动者有权拒绝从事存在职业病危害的作业,用人单位不得因此解除或者终止与劳动者所订立的劳动合同。"

另外,根据《职业病防治法》的规定,用人单位违反本规定,订立或者变更劳动合同时,未告知劳动者职业病危害真实情况的,由卫生行政部门责令限期改正,给予警告,可以并处 2 万元以上 5 万元以下的罚款。

根据前述规定,如果用人单位没有将工作过程中可能产生的职业病危害及其后果、职业病防护措施和待遇等如实告知劳动者,并在劳动合同中写明,那么劳动者就有权利拒绝从事存在职业病危害的作业,并且用人单位不得因劳动者拒绝从事该作业而解除或者终止劳动者的劳动合同。

(6)患职业病的劳动者有权获得相应的保障。

①患职业病的劳动者有权利获得职业保障。《中华人民共和国劳动合同法》规定,用人单位以下情形不得解除劳动合同:

a. 患职业病或者因工负伤并确认丧失或者部分丧失劳动能力的。

b. 患病或者负伤,在规定的医疗期内的。职业病病人依法享受国家规定的职业病待遇,用人单位对不适宜继续从事原工作的职业病病人,应当调离原岗位,并妥善安置。

②患职业病的劳动者有权利获得医疗保障。《职业病防治法》规定:"职业病病人依法享受国家规定的职业病待遇。用人单位应当按照国家有关规定,安排职业病病人进行治疗、康复和定期检查。"

③患职业病的劳动者有权利获得生活保障。《职业病防治法》规定:"劳动者被诊断患有职业病,但用人单位没有依法参加工伤社会保险的,其医疗和生活保障由最后的用人单位承担。"

④患职业病的劳动者有权利依法获得赔偿。职业病病人除依法享有工伤社会保险外，依照有关民事法律，尚有获得赔偿的权利的，有权向用人单位提出赔偿要求。

(7)职工患职业病后的一次性处理规定。

职工患病后，应当先行治疗，然后进行职业病的诊断和鉴定。如果职工按照《职业病防治法》规定被诊断、鉴定为职业病，必须向劳动保障行政部门提出工伤认定申请，由劳动保障行政部门做出工伤认定。如果职工经治疗伤情相对稳定后存在残疾、影响劳动能力的，还应当进行劳动能力鉴定。最后职工才可按照《工伤保险条例》规定的标准享受工伤保险待遇。

以上程序是职工患职业病后享受工伤待遇所必需的，是切实保障职工合法权益的基础。但在实际生活中，一些用人单位和职工由于不懂工伤法律或者怕麻烦、图省事，在职工患病后就直接约定进行一次性工伤补助，这种做法是不可取的。当然，如果工伤职工愿意，待治愈或病情稳定做出工伤伤残等级鉴定后，可参照有关工伤的规定依法与企业达成一次性领取工伤待遇的相关协议。

(8)治疗职业病的有关费用支付。

首先应当明确的是，检查、治疗、诊断职业病的，劳动者本人不承担相关费用。这些费用依照规定，应当由用人单位负担或者从工伤保险基金中支付。

①职业健康检查费用由用人单位承担。

②救治急性职业病危害的劳动者，或者进行健康检查和医学观察，所需费用由用人单位承担。

③职业病诊断鉴定费用由用人单位承担。

④因职业病进行劳动能力鉴定的，鉴定费从工伤保险基金中支付。

⑤因职业病需要治疗的,相关费用按照工伤的规定处理。

还需要说明的是,不管是职业病还是其他原因发生的工伤,都必须进行彻底的治疗,相关的费用不管花了多少,都应当依法予以报销,即"工伤索赔上不封顶"。

(9)劳动者在职业病防治中须承担的义务。

①认真接受用人单位的职业卫生培训,努力学习和掌握必要的职业卫生知识。

②遵守职业卫生法规、制度、操作规程。

③正确使用与维护职业危害防护设备及个人防护用品。

④及时报告事故隐患。

⑤积极配合上岗前、在岗期间和离岗时的职业健康检查。

⑥如实提供职业病诊断、鉴定所需的有关资料等。

重点:熟知职业安全卫生警示标志,禁止不安全的操作行为,正确使用个人防护用品。

(10)建筑企业常见职业病及预防控制措施。

①接触各种粉尘引起的尘肺病预防控制措施。

作业场所防护措施:加强水泥等易扬尘的材料的存放处、使用处的扬尘防护,任何人不得随意拆除,在易扬尘部位设置警示标志。

个人防护措施:落实相关岗位的持证上岗,给施工作业人员提供扬尘防护口罩,杜绝施工操作人员的超时工作。

②电焊工尘肺、眼病的预防控制措施。

作业场所防护措施:为电焊工提供通风良好的操作空间。

个人防护措施:电焊工必须持证上岗,作业时佩戴有害气体防护口罩、眼睛防护罩,杜绝违章作业,采取轮流作业,杜绝施工操作人员的超时工作。

③直接操作振动机械引起的手臂振动病的预防控制措施。

作业场所防护措施:在作业区设置预防职业病警示标志。

个人防护措施:机械操作工要持证上岗,提供振动机械防护手套,延长换班休息时间,杜绝作业人员的超时工作。

④油漆工、粉刷工接触有机材料散发不良气体引起的中毒预防控制措施。

作业场所防护措施:加强作业区的通风排气措施。

个人防护措施:相关工种持证上岗,给作业人员提供防护口罩,轮流作业,杜绝作业人员的超时工作。

⑤接触噪声引起的职业性耳聋的预防控制措施。

作业场所防护措施:在作业区设置防职业病警示标志,对噪声大的机械加强日常保养和维护,减少噪声污染。

个人防护措施:为施工操作人员提供劳动防护耳塞轮流作业,杜绝施工操作人员的超时工作。

⑥长期超时、超强度地工作,精神长期过度紧张所造成相应职业病的预防控制措施。

作业场所防护措施:提高机械化施工程度,减小工人劳动强度,为职工提供良好的生活、休息、娱乐场所,加强施工现场文明施工。

个人防护措施:不盲目抢工期,即使抢工期也必须安排充足的人员能够按时换班作业,采取 8h 作业换班制度,及时发放工人工资,稳定工人情绪。

⑦高温中暑的预防控制措施。

作业场所防护措施:在高温期间,为职工备足饮用水或绿豆汤、防中暑药品、器材。

个人防护措施:减少工人工作时间,尤其是延长中午休息时间。

提示:工作场所自觉做好个人安全防护。

四、工地施工现场急救知识

施工现场急救基本常识主要包括应急救援基本常识、触电急救知识、创伤救护知识、火灾急救知识、中毒及中暑急救知识以及传染病急救措施等，了解并掌握这些现场急救基本常识，是做好安全工作的一项重要内容。

1. 应急救援基本常识

（1）施工企业应建立企业级重大事故应急救援体系，以及重大事故救援预案。

（2）施工项目应建立项目重大事故应急救援体系，以及重大事故救援预案；在实行施工总承包时，应以总承包单位事故预案为主，各分包队伍也应有各自的事故救援预案。

（3）重大事故的应急救援人员应经过专门的培训，事故的应急救援必须有组织、有计划地进行；严禁在未清楚事故情况下，盲目救援，以免造成更大的伤害。

（4）事故应急救援的基本任务：

①立即组织营救受害人员，组织撤离或者采取其他措施保护危害区域内的其他人员。

②迅速控制事态，并对事故造成的危害进行检测、监测，测定事故的危害区域、危害性质及危害程度。

③消除危害后果，做好现场恢复。

④查清事故原因，评估危害程度。

2. 触电急救知识

触电者的生命能否获救，在绝大多数情况下取决于能否迅速脱离电源和正确地实行人工呼吸和心脏按摩。拖延时间、动作迟缓或救护不当,都可能造成人员伤亡。

(1)脱离电源的方法。

①发生触电事故时,附近有电源开关和电流插销的,可立即将电源开关断开或拔出插销;但普通开关(如拉线开关、单极按钮开关等)只能断一根线,有时不一定关断的是相线,所以不能认为是切断了电源。

②当有电的电线触及人体引起触电,不能采用其他方法脱离电源时,可用绝缘的物体(如干燥的木棒、竹竿、绝缘手套等)将电线移开,使人体脱离电源。

③必要时可用绝缘工具(如带绝缘柄的电工钳、木柄斧头等)切断电线,以切断电源。

④应防止人体脱离电源后造成的二次伤害,如高处坠落、摔伤等。

⑤对于高压触电,应立即通知有关部门停电。

⑥高压断电时,应戴上绝缘手套,穿上绝缘鞋,用相应电压等级的绝缘工具切断开关。

(2)紧急救护基本常识。

根据触电者的情况,进行简单的诊断,并分别处理:

①病人神志清醒,但感到乏力、头昏、心悸、出冷汗,甚至有恶心或呕吐症状。此类病人应使其就地安静休息,减轻心脏负担,加快恢复;情况严重时,应立即小心送往医院检查治疗。

②病人呼吸、心跳尚存在,但神志昏迷。此时,应将病人仰卧,周围空气要流通,并注意保暖;除了要严密观察外,还要做好人工呼吸和心脏挤压的准备工作。

③如经检查发现,病人处于"假死"状态,则应立即针对不同类型的"假死"进行对症处理:如果呼吸停止,应用口对口的人工呼吸法来维持气体交换;如心脏停止跳动,应用体外人工心脏挤

压法来维持血液循环。

a.口对口人工呼吸法:病人仰卧、松开衣物——→清理病人口腔阻塞物——→病人鼻孔朝天、头后仰——→捏住病人鼻子贴嘴吹气——→放开嘴鼻换气,如此反复进行,每分钟吹气 12 次,即每 5s 吹气 1 次。

b.体外心脏挤压法:病人仰卧硬板上——→抢救者用手掌对病人胸口凹膛——→掌根用力向下压——→慢慢向下——→突然放开,连续操作,每分钟进行 60 次,即每秒一次。

c.有时病人心跳、呼吸停止,而急救者只有一人时,必须同时进行口对口人工呼吸和体外心脏挤压,此时,可先吹两次气,立即进行挤压 15 次,然后再吹两次气,再挤压,反复交替进行。

3. 创伤救护知识

创伤分为开放性创伤和闭合性创伤。开放性创伤是指皮肤或黏膜的破损,常见的有:擦伤、切割伤、撕裂伤、刺伤、撕脱、烧伤;闭合性创伤是指人体内部组织损伤,而皮肤黏膜没有破损,常见的有:挫伤、挤压伤。

(1)开放性创伤的处理。

①对伤口进行清洗消毒可用生理盐水和酒精棉球,将伤口和周围皮肤上沾染的泥沙、污物等清理干净,并用干净的纱布吸收水分及渗血,再用酒精等药物进行初步消毒。在没有消毒条件的情况下,可用清洁水冲洗伤口,最好用流动的自来水冲洗,然后用干净的布或敷料吸干伤口。

②止血。对于出血不止的伤口,能否做到及时有效地止血,对伤员的生命安危影响较大。在现场处理时,应根据出血类型和部位不同采用不同的止血方法:直接压迫——→将手掌通过敷

料直接加压在身体表面的开放性伤口的整个区域;抬高肢体
——对于手、臂、腿部严重出血的开放性伤口都应抬高,使受伤
肢体高于心脏水平线;压迫供血动脉——手臂和腿部伤口的严
重出血,如果应用直接压迫和抬高肢体仍不能止血,就需要采用
压迫点止血技术;包扎——使用绷带、毛巾、布块等材料压迫止
血,保护伤口,减轻疼痛。

③烧伤的急救。应先去除烧伤源,将伤员尽快转移到空气
流通的地方,用较干净的衣服把伤面包裹起来,防止再次污染;
在现场,除了化学烧伤可用大量流动清水冲洗外,对创面一般不
做处理,尽量不弄破水泡,保护表皮。

(2)闭合性创伤的处理。

①较轻的闭合性创伤,如局部挫伤、皮下出血,可在受伤部
位进行冷敷,以防止组织继续肿胀,减少皮下出血。

②如发现人员从高处坠落或摔伤等意外时,要仔细检查其
头部、颈部、胸部、腹部、四肢、背部和脊椎,看看是否有肿胀、青
紫、局部压疼、骨摩擦声等其他内部损伤。假如出现上述情况,
不能对患者随意搬动,需按照正确的搬运方法进行搬运;否则,
可能造成患者神经、血管损伤并加重病情。

现场常用的搬运方法有:担架搬运法——用担架搬运时,要
使伤员头部向后,以便后面抬担架的人可随时观察其变化;单人
徒手搬运法——轻伤者可扶着走,重伤者可让其伏在急救者背
上,双手绕颈交叉垂下,急救者用双手自伤员大腿下抱住伤员
大腿。

③如怀疑有内伤,应尽早使伤员得到医疗处理;运送伤员时
要采取卧位,小心搬运,注意保持呼吸道畅通,注意防止休克。

④运送过程中,如突然出现呼吸、心跳骤停时,应立即进行
人工呼吸和体外心脏挤压法等急救措施。

4. 火灾急救知识

一般地说,起火要有三个条件,即可燃物(木材、汽油等)、助燃物(氧气等)和点火源(明火、烟火、电焊花等)。扑灭初起火灾的一切措施,都是为了破坏已经产生的燃烧条件。

(1)火灾急救的基本要点。

施工现场应有经过训练的义务消防队,发生火灾时,应由义务消防队急救,其他人员应迅速撤离。

①及时报警,组织扑救。全体员工在任何时间、地点,一旦发现起火都要立即报警,并在确保安全前提下参与和组织群众扑灭火灾。

②集中力量,主要利用灭火器材,控制火势,集中灭火力量在火势蔓延的主要方向进行扑救,以控制火势蔓延。

③消灭飞火,组织人力监视火场周围的建筑物、露天物资堆放场所的未尽飞火,并及时扑灭。

④疏散物资,安排人力和设备,将受到火势威胁的物资转移到安全地带,阻止火势蔓延。

⑤积极抢救被困人员。人员集中的场所发生火灾,要有熟悉情况的人做向导,积极寻找和抢救被困的人员。

(2)火灾急救的基本方法。

①先控制,后消灭。对于不可能立即扑灭的火灾,要先控制火势,具备灭火条件时再展开全面进攻,一举消灭。

②救人重于救火。灭火的目的是为了打开救人通道,使被困的人员得到救援。

③先重点,后一般。重要物资和一般物资相比,先保护和抢救重要物资;火势蔓延猛烈方面和其他方面相比,控制火势蔓延的方面是重点。

④正确使用灭火器材。水是最常用的灭火剂,取用方便,资源丰富,但要注意水不能用于扑救带电设备的火灾。各种灭火器的用途和使用方法如下:

酸碱灭火器:倒过来稍加摇动或打开开关,药剂喷出。适用于扑救油类火灾。

泡沫灭火器:把灭火器筒身倒过来,打开保险销,把喷管口对准火源,拉出拉环,即可喷出。适合于扑救木材、棉花、纸张等火灾,不能扑救电气、油类火灾。

二氧化碳灭火器:一手拿好喇叭筒对准火源,另一手打开开关既可。适合于扑救贵重仪器和设备,不能扑救金属钾、钠、镁、铝等物质的火灾。

干粉灭火器:打开保险销,把喷管口对准火源,拉出拉环,即可喷出。适用于扑救石油产品、油漆、有机溶剂和电气设备等火灾。

⑤人员撤离火场途中被浓烟围困时,应采取低姿势行走或匍匐穿过浓烟,有条件时可用湿毛巾等捂住嘴鼻,以便顺利撤出烟雾区;如无法进行逃生,可向建筑物外伸出衣物或抛出小物件,发出求救信号引起注意。

⑥进行物资疏散时应将参加疏散的员工编成组,指定负责人首先疏散通道,其次疏散物资,疏散的物资应堆放在上风向的安全地带,不得堵塞通道,并要派人看护。

5. 中毒及中暑急救知识

施工现场发生的中毒主要有食物中毒、燃气中毒及毒气中毒;中暑是指人员因处于高温高热的环境而引起的疾病。

(1)食物中毒的救护。

①发现饭后有多人呕吐、腹泻等不正常症状时,尽量让病人

大量饮水,刺激喉部使其呕吐。

②立即将病人送往就近医院或打 120 急救电话。

③及时报告工地负责人和当地卫生防疫部门,并保留剩余食品以备检验。

(2)燃气中毒的救护。

①发现有人煤气中毒时,要迅速打开门窗,使空气流通。

②将中毒者转移到室外实行现场急救。

③立即拨打 120 急救电话或将中毒者送往就近医院。

④及时报告有关负责人。

(3)毒气中毒的救护。

①在井(地)下施工中有人发生毒气中毒时,井(地)上人员绝对不要盲目下去救助;必须先向出事点送风,救助人员装备齐全安全保护用具,才能下去救人。

②立即报告工地负责人及有关部门,现场不具备抢救条件时,应及时拨打 110 或 120 电话求救。

(4)中暑的救护。

①迅速转移。将中暑者迅速转移至阴凉通风的地方,解开衣服,脱掉鞋子,让其平卧,头部不要垫高。

②降温。用凉水或 50% 酒精擦其全身,直到皮肤发红、血管扩张以促进散热。

③补充水分和无机盐类。能饮水的患者应鼓励其喝足量盐开水或其他饮料,不能饮水者,应予静脉补液。

④及时处理呼吸、循环衰竭。呼吸衰竭时,可注射尼可刹明或山梗茶碱;循环衰竭时,可注射鲁明那钠等镇静药。

⑤医疗条件不完善时,应对患者严密观察,精心护理,送往附近医院进行抢救。

6.传染病急救措施

由于施工现场的人员较多,如果控制不当,容易造成集体感染传染病。因此需要采取正确的措施加以处理,防止大面积人员感染传染病。

(1)如发现员工有集体发烧、咳嗽等不良症状,应立即报告现场负责人和有关主管部门,对患者进行隔离加以控制,同时启动应急救援方案。

(2)立即把患者送往医院进行诊治,陪同人员必须做好防护隔离措施。

(3)对可能出现病因的场所进行隔离、消毒,严格控制疾病的再次传播。

(4)加强现场员工的教育和管理,落实各级责任制,严格履行员工进出现场登记手续,做好病情的监测工作。

参 考 文 献

[1] 中华人民共和国住房和城乡建设部. 地下工程防水技术规范(GB 50108－2008) [S]. 北京:中国计划出版社,2009.

[2] 建设部干部学院. 防水工. [M]. 武汉:华中科技大学出版社,2009.

[3] 建筑工人职业技能培训教材编委会. 防水工(第二版)[M]. 北京:中国建筑工业 出版社,2015.

[4] 中华人民共和国住房和城乡建设部. 地下防水工程质量验收规范(GB 50208－ 2011)[S]. 北京:中国建筑工业出版社,2011.

[5] 中华人民共和国住房和城乡建设部. 屋面工程技术规范(GB 50345－2012)[S]. 北京:中国建筑工业出版社,2011.

[6] 中华人民共和国住房和城乡建设部. 屋面工程质量验收规范(GB 50207－2012) [S]. 北京:中国建筑工业出版社,2012.

[7] 中华人民共和国住房和城乡建设部. 建筑施工安全技术统一规范(GB 50870－ 2013)[S]. 北京:中国建筑工业出版社,2014.

[8] 建设部人事教育司. 防水工[M]. 北京:中国建筑工业出版社,2002.